Osprey Military New Vanguard
オスプレイ・ミリタリー・シリーズ

世界の戦車イラストレイテッド
19

M26/M46パーシング戦車 1943-1953

[著]
スティーヴン・ザロガ

[カラー・イラスト]
トニー・ブライアン×ジム・ローリアー

[訳者]
武田秀夫

M26/M46 PERSHING TANK 1943-53

Text by
Steven J Zaloga

Colour Plates by
Tony Bryan and Jim Laurier

大日本絵画

目次 contents

3	パーシング誕生の背景 background
19	パーシング戦場に現わる the pershing tank emerges
33	大戦末期以後の戦車開発状況 late-war developments
36	M46パットン the M46 patton
38	朝鮮戦争とパーシング the pershing in korea
25 46	カラー・イラスト カラー・イラスト解説

◎カバー裏の写真　1950年9月19日、仁川(インチョン)上陸後の掃討戦の合間にひと息入れる、海兵第1戦車大隊B中隊第4小隊長用M26パーシング戦車の乗員。右側の砲手が第二次大戦で使われたヘルメットを着用しているが、朝鮮戦争当時はまだこれが制式だった。(US National Archives)

◎著者紹介

スティーヴン(スティーヴ)・ザロガ　Steven Zaloga
1952年生まれ。装甲車両の歴史を中心に、現代のミリタリー・テクノロジーを主題とした20冊以上の著作を発表。旧ソ連、東ヨーロッパ関係のAFV研究家として知られ、また、米国の装甲車両についても造詣が深く、多くの著作がある。米国コネチカット州に在住。

トニー・ブライアン　Tony Bryan
装甲車両、小火器から航空機、船にいたる軍用装備・機材等に興味をもち、『New Vanguard』シリーズをはじめ、各種パートワーク、雑誌、書籍に多くのイラストを発表している。

ジム・ローリアー　Jim Laurier
国際的に評価されている航空・軍事関係のイラストレイター。「American Society of Aviation Artists」「New York Society of Illustrations」「American Fighter Aces Association」会員。

M26/M46 パーシング戦車 1943-1953
P26/46 PERSHING TANK

background

パーシング誕生の背景

　長かった米ソ冷戦の時代に、30年以上もの長きにわたりアメリカ軍主力戦車(MBT)の座にあったパットン戦車。そのいわば血のつながった生みの親が、パーシング戦車である。

　パーシングは第二次大戦では、ドイツ降伏の数カ月前に欧州戦線に到着して、ほんの短期間戦闘に従事しただけであった。しかし次の朝鮮戦争では米軍の主力戦車として、共産軍を相手に華々しい活躍を見せた。そのパーシングが話題になるとかならず持ち出されるのが、なぜもっと早く就役させられなかったか、という疑問である。1944年に、M4シャーマン中戦車がパンターを含むドイツ軍新鋭戦車を相手に苦戦した時、もしパーシングがいてくれたら、アメリカ軍はドイツ軍と少なくとも互角に戦えたのではないだろうか。だがパーシングが欧州戦線に駆けつけたのは、もうノルマンディとアルデンヌの激戦が終ってしまったあとで、しかもその数たるや、悲しいほど少なかった。

　どうして大事な戦いに遅れをとったのか、またパーシングは戦況を変えるだけの力をほんとうにもっていたのか、それを当時に溯って探ってみよう。

アメリカ陸軍の戦車運用基本原則
US Tank Design Policy

　1942年にアメリカは3種類の中戦車、M3、M4、M7を生産した。M3とM4は旧型と新型の関係にあり、工場では早期にM3の生産を切り上げてM4にラインを切り換えるべく、準備が進んでいた。M3は一部がイギリス軍に供与されて、「グラント」の名のもとにこの年の5月、北アフリカでドイツ軍相手の戦闘に投入され、一方M4も、生産がはじまるとすぐ同じ北アフリカに送られて、エル・アラメインの攻防戦に参加した。3番めのM7は聞きなれない名前だがそれもそのはず、はじめは軽戦車だったのに、開発しているうちにM4なみに成長した妙な中戦車で、12月に生産をはじめた途端陸軍がことの次第に気づいて慌てて中止し、闇に葬られてしまった。

　1942年当時のアメリカ陸軍の中戦車は、陸軍地上軍管理

M26とM46は、本来第二次大戦で戦うべく企画された戦車だったが、現実の活躍の場は朝鮮戦争になった。写真は1951年3月1日、朝鮮半島中部で射撃位置につく第1海兵戦車大隊C中隊の2両のM26パーシング戦車。(USMC)

アメリカ陸軍のM6重戦車。当時のヨーロッパ系の最新鋭重戦車、ドイツのティーガーⅠ型やソ連のKV-1にくらべていかにも旧式で、技術的にピントはずれの点が多かった。発注元の陸軍省兵器局は大自慢だったが、機甲軍には最初からそっぽを向かれ、結局ごく少数が生産されただけで、前線には配備されなかった。(MHI)

本部(Army Ground Force＝AGF)(訳注1)が編み出した戦車運用原則からそっくり抜け出てきたような、陸軍の優等生といった存在だった。陸軍はこの運用原則の大綱にしたがって手持ちの中戦車をふた手に分け、ひとつを独立戦車大隊に、もうひとつを機甲師団に所属させた。独立戦車大隊は、各歩兵師団にかならず1個独立戦車大隊が随行して、歩兵が敵の強固な固定陣地を攻めあぐんだり、あるいは敵の攻撃を受けて苦戦した時に、即座にその中戦車を繰り出して支援するのを役目とした。一方機甲師団は、歩兵がいったん敵戦線の突破に成功したならば、ひと昔前の騎兵と同じく、そこから戦車で一気に前進して自軍の勢力範囲を拡大するのが主な任務だった。

　AGFの戦車運用原則は、このように中戦車が果たすべき役割をきちんと規定していたが、ひとつそこにないものがあった。敵戦車とどう対決すべきかが、白紙なのである。なぜかといえば、敵戦車の撃破は戦車駆逐大隊所属の戦車駆逐車(タンク・デストロイヤー)の役目であって、中戦車の仕事ではないからだった。では戦車駆逐車とは何か。第二次大戦のアメリカ軍の代表的戦車駆逐車M10を例にとれば、M4A2中戦車のシャシーと、装甲を削って重量を減らした同じくM4A2の車体を使って、その上に装甲の薄いオープントップの回転砲塔を載せ、そこに強力な3インチ対戦車砲を据え付けた、攻撃力は並みの戦車以上だが防御力に欠けた、独特の戦闘車両だった。

　ここで断わっておく必要があるのは、このAGFによる戦車運用原則論は、中戦車は戦場で敵戦車との遭遇を避けよ、とは言っていないのである。それはM4中戦車の要求仕様書に、装甲貫徹力にすぐれた砲弾(徹甲弾)と、爆発力の強い砲弾(榴弾)の両方を発射できる、融通性のある砲を搭載すべし、と書いてあったことからもわかる。AGFの考え方で特異なのは、中戦車はもともと戦車同士の戦闘には向いていないから、真に強力な対戦車砲

訳注1：第二次大戦中は空軍がまだ陸軍の所属で「陸軍航空軍＝Army Air Force」を名乗っていたため、場合によっては本来の陸軍を「地上軍」と呼んで区別する必要があった。なお陸軍省内の部局としての「AGF」は「軍」とはいうものの戦闘の指揮系統からははずれ、地上軍の装備の管理のみに責任があった。

は必要がなく、それは戦車駆逐車のために開発して、戦車駆逐車だけに搭載すればいいのだ、と一方的にきめつけた点にあった。ちなみに第二次大戦に参加した主要国で、装軌式戦闘車両を戦車と戦車駆逐車に二分して考えたのはアメリカだけで、ドイツ、ソ連、イギリスとも、敵戦車と戦うのは味方戦車とはっきり割り切って、余計なことは考えていない。

　このAGFのかなり偏った考えと並んで、アメリカの戦車設計に大きな影響を与えたものに、新兵器の採否決定の権限を握るAGF審査部の基本方針があった。ここでは新兵器を評価するのに「戦場での必要度」と「戦場での実用度」という、ふたつの物差しが使用された。

　最初の「戦場での必要度」は、"それがあれば助かる"程度の中途半端な装備を排して、"ないと困る"ものだけを残すためのフィルターだった。アメリカ軍は、祖国から何千マイルも離れた場所で戦うことを運命づけられているから、使用兵器の種類を最小限に抑えないと補給に支障をきたす——それがAGF局長レスリー・マクネア中将のかねての持論で、それをそのまま判断基準に取り入れたのである。アメリカ陸軍が、ほんとうは普通の戦車とは別に、歩兵支援専用の重装甲の戦車がほしかったのにそれなしで我慢したのは、この物差しが存在したからだった。

　では次の「戦場での実用度」とは何かというと、新兵器が意図した機能を発揮するのは当たり前のことで、大事なのは最小限の整備を励行するだけで戦場での酷使に耐え、信頼性を持続することであり、その達成度を判定するのがこの物差し、というわけだった。

　この2大要件の影響はきわめて大きいものがあり、結果としてアメリカ陸軍は、絶対に必要と認めたものを除き、新型戦車の採用には消極的だった。なにしろAGFが、自らが必要と見做した（あるいは気に入った）以外の新型戦車については、第一線部隊が実戦の経験を背景によほど強力な運動を展開して強い圧力をかけない限り、容易なことでは制式採用に賛成しないのだから、そうなるのは当然であった。

　本書でいずれあきらかになるが、M26パーシングがなぜもっと早くM4シャーマンと交替しなかったかといえば、それはただ米陸軍がその必要性を認めるのに遅れをとったからで、ほかに理由は見当たらないのである。

アメリカにおける重戦車の開発状況
US Heavy Tank Design

　M4戦車は1942年にはじめて実戦に投入された当時、装甲、火力、機動力のバランスがとれた優秀な戦車として、内外から高く評価された。事実その75mm砲は、Pz.Kpfw.Ⅳ（Ⅳ号戦車）を含む全ドイツ軍戦車の脅威となり、またその装甲は、50mm Pak38をはじめとするすべてのドイツ軍対戦車兵器の攻撃に耐えることができた。またM4のスピードと不整地走破性能はドイツ軍戦車にくらべて遜色がなく、英軍戦車よりも概してまさっていた。さらにAGFの「戦場での実用度」の基準に照らしても、頑丈で信頼性が高

イギリス陸軍の要求仕様に基づいてアメリカが開発した、歩兵支援用のT14突撃戦車。歩兵支援を建前とするアメリカ陸軍独立戦車大隊には、装甲の薄いM4シャーマン中戦車よりも、こういった重装甲の戦車のほうが適していた。しかし陸軍地上軍管理本部（AGF）はひたすら戦車の統一を追求し続け、その結果1944年にシャーマンが、ドイツ軍の対戦車兵器に散々傷めつけられることになった。（Patton Museum）

く、文句なしに合格だった。M4はもともと米軍の機甲師団と歩兵支援独立戦車大隊の両方で不都合なく使えるように設計されていたが、どちらかといえば前者の機甲師団向きだった。歩兵の指揮官たちは、とにかく装甲が厚くて敵の対戦車砲弾を平気で跳ね返す戦車なら何でもよくて、そのために鈍重になろうが意に介さなかったからである。

アメリカ陸軍省兵器局がかねてから開発を進め、1942年2月に制式採用に漕ぎ着けたM6は、まさにそうした歩兵好みの重戦車だった。だがこのM6たるや駄作もいいところで、時代遅れとしか言いようがなく、戦前に陸軍が設定した全幅制限の影響で背ばかりが異様に高く、駆動系統は信頼性に欠け、その3インチ砲はM4中戦車の75mm砲より装甲貫徹力がすぐれてはいたが、それもたいしたことはなくて、そのわずかの違いのために、なぜわざわざこんな大きくて重い戦車を用意しなければいけないのか、理解に苦しむ戦車だった。そして兵器局は、実戦部隊に完全にそっぽを向かれたにもかかわらず、ご丁寧にも1943年暮れまで、この野暮な重戦車のテストに明け暮れたのである。

ところ変われば品変わるという通り、海を隔てたイギリスの戦車にかかわる基本政策は、アメリカのそれとはかなり落差があり、歩兵の支援に重装甲の戦車をあてるのもそのひとつだった。両国間で交わされた武器貸与協定にもとづいて、アメリカの兵器局がイギリス向けに歩兵支援用のT14突撃戦車（アソールトタンク）を開発することになったが、この戦車は主砲がM4中戦車と同じなのに、前面装甲の厚さがM4の倍の100mmもあった。

T14の完成から1年が経過した1942年秋に、兵器局が今度はアメリカ陸軍向けにT14によく似た、前面装甲も同じくらい厚い戦車の設計を開始した。ただしこちらは歩兵支援と味方勢力範囲拡大の二役を兼ねる点が違っていて、そのため機動性を重視して最高速度の設定が55km/hとやや高く、また軽くするために車体寸法がM4中戦車よりやや小さめに抑えられていた。主砲は自動装塡式の75mm砲、M10戦車駆逐車とM6重戦車に搭載されている3インチ砲、M18戦車駆逐車(訳注2)向けに開発中の76mm砲、あわせて3種類の中から、テスト成績で最良のものを撰ぶ予定だった。エンジンは、M4A3中戦車とT14が使っている500hpフォードV8にきまっていた。

この試作戦車はT20と名づけられ、M6重戦車とほぼ同じ流体トルクコンバーターつきの

米機甲軍の要求にしたがって兵器局が試作した、シャーマンの機動性とT14（前頁写真）の重装甲を併せ持つT20E3突撃戦車。トーションバー・サスペンションを含め、外観は後のパーシングそのままである。同時並行開発のT22、T23と違って、T20系はM6重戦車と同じ流体トルクコンバーター付きトランスミッションをそなえていた。（Patton Museum）

純機械式のシンクロメッシュ・トランスミッションをもつT22E1。自動装填式75mm砲のテストベッドとして使われた。サスペンションがM4シャーマンと似ているが、渦巻きばねが垂直ではなく、水平に取り付けられている点が違う。（Patton Museum）

トルクマティック・トランスミッションを与えられたが、すぐ追いかけて純機械式トランスミッションのT22と、電気式トランスミッションのT23が加わり、さらにT20E3が追加されて、バリエーションが全部で4種類に増えた。T20E3は、1942年以前の全アメリカ製戦車のいわばトレードマークだった渦巻ばねサスペンションの代わりに、新設計のトーションバー・サスペンションを採用した点が違っていた。

このT20シリーズにはひとつ、M4と決定的に違う点があり、それはエンジンを含む駆動系統の配置だった。M4はトランスミッションが前にある関係で戦闘室の下をプロペラシャフトが通り、そのため砲塔が押し上げられて全体的に背が高くなって、重さも増えた。これに対してT20シリーズはトランスミッションが最後部に移動し、その結果砲塔が車体に沈み込んで全高が下がり、重量も減って、その分装甲を厚くすることができた。T20のこのレイアウトはまた敵戦車と遭遇した時に、こちらの姿が発見されにくいという利点ももたらした。

T20、T22、T23の試作車は、1943年の春に完成した。AGFはあきらかにT23だけに興味があり、他のふたつには目もくれないというふうだった。T23はもちろんM4中戦車よりすぐれた点が多かったが、その一方で大きな欠点があった。T23の最大の特徴である電気駆動系は、古くは第一次大戦でフランスのサンシャモン戦車が採用し、また第二次大戦でドイツがエレファント戦車駆逐車に使ったシステムで、格別目新しいものではなかったが、これが曲者だった。まず駆動系の重量が、通常タイプより1.9トンも重い上に、値段がとびぬけて高いのである。そしてこういった欠点に対して、エンジン直結の発電機がモーターに電流を送って履帯を駆動するこの方式は、理論上通常の駆動方式にくらべてパワーロスが少ないのだ、という言い訳が用意されていたが、そんな効率の良し悪し以前に、とにかくあらゆる部分が絶えず故障を起こし、うまく作動してくれなかった。

訳注2：戦闘重量18トンの「ヘルキャット」軽戦車駆逐車。小型の車体に76mm砲を搭載し、アメリカ製装軌車両としてはじめてトーションバー・サスペンションを採用、1943年半ばに就役した。85km/hの最高速度が可能で、機動力は抜群だった。

1943年4月、陸軍省兵器局が、ジョージ・C・マーシャル参謀総長、AGF局長レスリー・マクネア中将、機甲軍総司令官ジェイコブ・デヴァース中将を含む陸軍上層部に、T23の試作車を披露した。過去1年の間に相次いで就役したM6重戦車とM7中戦車がまったくの失敗とわかって、陸軍としてはT23で名誉を挽回すべく、展示にも力がはいっていた。兵器局

は、T23はこれからテストをはじめるところだが、その気になればいつでも生産を開始できるのだ、と豪語してはばからなかったし、陸軍部内では、ひそかにT23の暫定仕様車を250両生産する計画が練られていた。

ティーガー重戦車との遭遇

　トーションバーつきのT23すなわちT23E3がもう少しで完成しようという時に、北アフリカで米軍戦車がはじめてドイツ軍戦車と正面から衝突して、チュニジアのカセリーヌ峠で1943年2月、壊滅的な敗北を喫する事件が発生した。陸軍はこの結末を戦車設計の優劣によるものではなく、米軍部隊全般、特に指揮官クラスの経験不足のせいだとして片づけたが、チュニジアからもうひとつ届いた重大な報せは、ドイツ軍の新型戦車ティーガーの出現だった(訳注3)。この重戦車はM4中戦車よりはるかに強力で、通常の戦闘距離の範囲であれば遠くからでもM4を楽に撃破できたが、対するM4の75mm砲は、至近距離もしくは後方からでなければティーガーを撃破できなかった。ただ幸いなことにティーガーは数が少なく、そのため米軍の戦車がティーガーと遭遇する機会はごく希だった。

　ティーガーとの接触で、米軍の内部に変化が起きた。機甲軍はそれまでと姿勢を変えて、T23E3の装甲と主砲を強化すべきだと宣言した。しかし大事なT23に手を触れられてたまるかとばかりに、兵器局は1943年11月から翌年12月にかけて、何の変更も加えずに250両のT23E3の暫定生産を強行した。だがさすがに機甲軍の強い意見を100パーセント無視することはできず、1943年5月に、別枠でT20の派生型としてT25とT26の開発をスタートさせた。T25は前面装甲厚さが75mmで重量が36トン、主砲の口径が90mm、T26は前面装甲厚さが100mmで重量が40トン、それ以外はT25と同じ（したがって主砲は90mm）という仕様だった。

　1943年の夏一杯続いたテストの結果、T23の電気式駆動系の不具合が簡単に直る性質のものではないことがますますはっきりして、以後の開発作業はトルクマティック・トランスミッションをもつT25E1とT26E1を優先させることになり、すでに少数が完成ずみだった電気式駆動系装備のT25、T26の試作車はわきへ追いやられた。T25E1とT26E1はともに流体トルクコンバーターつきのトルクマティック・トランスミッションをもち、特にT26E1のギヤボックスには（マニュアルシフトではあったが）より進歩した遊星歯車が使われていた。1944年2月から5月にかけて、30両のT25E1と10両のT26E1がグランド・ブランク戦車工廠

訳注3：1942年11月8日、北アフリカのモロッコ、アルジェリアに上陸した連合軍は、英第8軍の追跡を受けて退却中の独・伊軍の退路を遮断し、さらに両軍の重要補給拠点となっているチュニスを占拠すべく、進撃を開始した。これを察知したロンメルは強力な攻撃部隊を派遣し、ティーガーの88mm砲による遠距離からの正確な射撃で連合軍機甲部隊を圧倒、1943年2月14日から20日に至るファイド峠とカセリーヌ峠の戦いで連合軍戦車165両を撃破し、捕虜2000名を得たが、以後戦力が急速に衰えて5月に全面降伏するに至った。

アメリカの戦車としては異例の電気式駆動系をもつT23。結局はこの駆動系が命取りになってテスト段階で脱落したが、もっと健全な駆動装置をそなえていたら、あるいは1944年にシャーマンと交替したかもしれない、バランスのよくとれた戦車だった。この車両は76mm砲を搭載した試作2号車である。1943年3月撮影。
(Patton Museum)

前頁写真のT23は、1943年11月から少数限定生産が行なわれた。これはその第1号車。新型の砲塔をそなえているのに、全体にいかにも古臭い感じがするのは、旧態依然としたM4中戦車の垂直渦巻きばねサスペンションのせいである。この限定生産車を使って行なわれたユーザー実用試験で、電気式駆動系の信頼性が実用レベルから程遠いことが再確認され、機甲軍が受領を拒否したために、前線部隊への配備はとりやめになった。ここに写っている新型砲塔は、後に76mm砲搭載型シャーマンに採用された。(Patton Museum)

で完成した。

マクネアの過信

　このころアメリカ陸軍は、1944年夏に予定されたフランス上陸に合わせて、ヨーロッパの主戦場で戦うための最終準備にはいりつつあった。もしこの戦いで新戦車が必要だとしても、1943年秋までに制式採用になっていなければ、間に合うわけがなかった。米機甲軍の前総司令官で、アイゼンハワーが任命されるまで暫定欧州戦区アメリカ軍総司令官をつとめたデヴァース中将は、1943年7月にアメリカ軍がシチリア島でふたたびティーガーに遭遇した事実を重く見て、なんとかしてこの障害を取り除く方法がないものかと考えた末に、T26E1の開発を急いで早急に250両を生産し、フランス上陸までにM4中戦車とT26E1を5対1の比率で揃える案を立て、陸軍省に実行を迫った。陸軍省兵器局はこの案に同意したが、T26E1だけでなく、こともあろうに同時に1000両のT23（上述の通り、電気駆動式である！）を揃えるという、とんでもない欲張った計画に発展させた。そして陸軍省がこの計画をAGFに提示して意見を求めると、今度は局長のマクネアがこれに断固反対を唱えた。この時マクネアが展開した議論に、当時の陸軍で支配的だった極端に独善的な考え方がよく表れている。

　「M4戦車、わけてもM4A3は、実戦の場で最優秀戦車と評価された。これは味方に限らず、敵ですら同意見であることが判明している。機動力、信頼性、速度、防御力、火力の理想的な組み合わせを実現した戦車が、すなわちM4なのである（中略）……この特例（イギリス軍が90mm砲を要望していることを指す）を除き、われわれが戦っているいかなる戦区からも、90mm戦車砲を要求する声は上がっていない（中略）……我が軍がドイツ軍Ⅵ号戦車（ティーガー）を恐れる理由はどこにもない（中略）……T26は、戦車同志が1対1の決闘をするという、非現実的かつ不必要な場面においてのみ役に立つ戦車である（中略）……今日までの英米両軍の実戦経験から、適切な数の対戦車砲（戦車駆逐車を指す）を適切な場所に配置すれば、敵戦車を制圧できることがはっきりしている。敵の対戦車砲に対抗するために、戦車に分厚い装甲と強力な主砲を与えるという考えは、かならずや失敗を招くであろう（中略）……そもそもわれわれの76mm対戦車砲が、ドイツ軍のⅥ号戦車（ティーガー）に対して威力不足であるという議論には、なんの根拠もないのである（後略）……」

このマクネアの議論は、ノルマンディ侵攻以前に陸軍部内で支配的だった戦車運用原則の独善的論法をなぞっただけで、技術的にも的外れな点が多い。しかもこうした考え方が、マクネアひとりのものではない点に、大きな問題があった。1943年当時アメリカ陸軍のほとんど誰もが、76mm砲さえあればティーガーをやっつけられると、無邪気に信じていたのである。

　しかしさすがに機甲軍だけは76mm砲の威力の限界を見抜いて、その導入に興味を示さなかった。機甲軍は、76mm砲が徹甲弾の装甲貫徹力において75mm砲を凌ぐのはたしかだが、実際はその差はわずかであり、また76mm砲で発射する榴弾の破壊力が75mm砲のそれに劣ることを、よく知っていたのである。それに発射時の閃光が強烈で、次の射撃の照準を狂わせる問題もあった。そして結局機甲軍は、最後に76mm砲の導入を認めることになるのだが、その時すべてのM4に適用する必要はないとして、75mm砲装備のM4戦車3両に対し76mm砲装備のM4が1両になるよう、配備を調整することを条件につけた（機甲軍が75mm砲にこだわったのは、いうまでもなく陸軍の基本理念が、機甲軍の戦車に戦果拡大のみを期待して、敵戦車の撃破は二の次と教えたからである）。

　ではほんとうに正直なところ、76mm砲の実力はどの程度だったのか。76mm砲はM62 APC（被帽徹甲弾）を使用すれば、500ヤード（457m）の距離で実質厚さ109mm、傾斜角20度の装甲を撃ち抜く力があった。だがティーガーの装甲は、主砲防盾で120mm、車体前面で100mmの厚さがあり、実際に射撃試験を行なったところ、76mm砲ではティーガーの防盾は100m以下、車体は400m以下の至近距離からでないと撃ち抜けないことが判明した。それなのにティーガーはこれらの倍以上に離れていても、M4の装甲を容易に撃ち抜くことができたのである。したがって1944年末に少数ながらHVAP（高初速徹甲弾）が前線部隊に行きわたるまでは、76mm砲でティーガーを倒すことは事実上不可能だった。

　マクネアは、その後も事あるごとに戦車駆逐車の有効性を主張してはばからなかったが、現実にチュニジアで戦闘中の戦車駆逐車が、それらしいめぼしいはたらきを見せたという話は、まったく伝わってこなかった。マクネアはそれを、きめられた戦術に従わないせいだと非難したが、ほんとのところ問題は戦術を実行する側ではなく、戦術そのものにあった。つまり戦車運用原則が間違っていたのだ。

1943年にチュニジアとシチリアでドイツ軍のティーガー戦車と遭遇してから、米機甲軍は開発中のT23中戦車に不安を感じて、装甲と主砲の強化を強く要求した。この動向を反映して1944年1月、前面装甲厚さがそれぞれ3インチ（7.62cm）と4インチ（10.16cm）のT25とT26の試作車が、ほぼ同時に完成した。両車とも最初は写真（これはT25）で見る通り旧式な水平渦巻きばねサスペンションをそなえていたが、すぐトーションバー式に変更された。（Patton Museum）

T26E1実用化への障害

　そもそも1940年にドイツ軍が電撃戦（ブリッツクリーク）でフランスを席巻した直後に、その経過を詳しく研究したアメリカ陸軍が、将来自分たちが同じ戦法で攻撃された場合にそなえて対策として急ぎ立案したのが、この戦車運用原則だった。それ故に、そこに書かれている筋書き、すなわち自走または被牽引の戦車駆逐車両を多数温存しておいて、頃合いをみはからって侵入してきたドイツ軍機甲部隊に向けて一気に投入し撃破するという戦術は、百パーセント防御に回った場合にのみ効果を発揮する性質のものだった。では1944年のアメリカ軍のごとく、一方的に攻める立場に立った時どうしたらいいかというと、それについてはほとんど白紙で、系統立てて考えられていなかったのである。実際、戦争末期の1944年には、ドイツ戦車が集団で攻めてくるなどということは絶対に起きなくなり、したがって適切な時期に、適切な場所に大量の戦車駆逐車を進出させるという運用原則の教義は、完全な絵空事と化したのだった。このような経過から、陸軍の戦車運用原則は戦後、公式に誤りと判定されて、破棄されてしまうのである。

　さてティーガー戦車には76mm砲で充分対抗できるとする陸軍の公式見解は、90mm砲搭載のT26E1を要求するデヴァース案の支持に回った最前線の司令官たちを、ひどく困惑させた。さらに1943年12月には、T26E1導入案に賛意を表明するよう求められた就任直後のアイゼンハワー欧州連合軍最高司令官が、これを拒否する事件が起きた。アイゼンハワーは、単に装甲の厚さだけのためにここまで戦車を大型化する必要はないと判断したのである。あきらかに彼は、90mm砲がいかなる恩恵をもたらすかを正しく認識していなかったが、それはドイツ軍新型戦車には76mm砲で充分対抗できると、繰り返し聞かされていたからだった。アイゼンハワーは、自分が戦車の主砲についていかに間違った情報を吹き込まれていたかを、ノルマンディ上陸が終ったあとに悟るのである。

パーシングの原点となったT26E1の試作第1号車。1944年3月撮影。後のライン上で製造された先行生産車T26E3と外観が非常によく似ているが、こちらは主砲にマズルブレーキがなく、また砲手用のハッチが跳ね上げ式でなく回転式になっている。この車両は、後に長砲身のより強力な90mm砲を搭載してスーパー・パーシングとなり、ヨーロッパに送られて実戦に参加した。
（Patton Museum）

1944年から1945年にかけて、ヨーロッパでM4シャーマン戦車の大敵となったのがパンター戦車だった。パンターは火力、装甲、機動性すべての点でM4にまさっていたが、やりかた次第ではM4でも撃破できた。写真は1944年12月26日から27日にかけて、ベルギーのフメイン近郊でアメリカ軍第2機甲師団に反撃を加えて撃破された、第9戦車師団所属の3両のパンターG型を示す。このバルジの戦いでM4中戦車が苦戦したことが、T26重戦車の前線配備を早める上での大きな圧力となった。（US Army）

　こうしてデヴァースはアイゼンハワーの支持を獲得し損なったが、デヴァース本人はそんなことには頓着せずに、依然としてT26E1を執拗に要求し続け、そのため板挟みになった現地アメリカ陸軍司令部は、ついに陸軍省に対して問題の決着をつけるよう、正式な要請を行なった。それを受けて陸軍省が1943年12月16日付で、1944年4月までに250両のT26E1を生産するよう指示を出したのはよかったが、ここでまたもやAGFが技術論を振りかざしてこの動きに抵抗した。AGFはまずT26E1のトーションバー・サスペンションは、重量がT26E1の半分の戦車にしか使われた実績がなく、耐久性に不安があると指摘した。またエンジンの選択が間違っているとも言い、さらにトルクマティック・トランスミッションは、これまでM18のような軽量車にしか使われたことがなく、重量級戦車への適用は信頼性の上で未知数だと主張した。

　しかしこの議論は間違いだらけだった。ドイツのティーガー、ソ連のKV、ISなどの重戦車がすでにトーションバー・サスペンションを使っていたし、トルクマティック・トランスミッションは初物である以上多少問題があったかもしれないが、故障ばかりして関係者を困らせている厄介もののT23の電気式駆動系にくらべれば、成熟の度合いが桁違いに高かった。AGFは、こうした都合の悪い事実を故意に無視したのである。だがこの筋の通らぬ横槍は陸軍省上層部の怒りを買って正式に却下され、マクネアはT26E1に関しては口を封じられたかたちになった。

　これで邪魔ものがいなくなって、デヴァースの勝利になったかというと、これがまたそうはならかった。まずいことに、彼が推進したT26E1早期実用化の動きは、現地司令官たちとの間でしっかりとした合意を得てはいなかったのである。1944年1月、英本土で開かれた作戦会議の席上で、モーリス・ローズ中将（後に第3機甲司令官に就任）がT26E1をとりあげ、シチリアでティーガーと対戦した自身の経験を背景にこれを早急に就役させるよう要請した時、後の第3軍司令官ジョージ・S・パットン将軍が異議を唱えた。戦車隊の指揮官として、パットンはローズよりはるかに名が通っていたから、この時出席していた訪英中のアメリカ陸軍高官の多くは、当然パットンの意見に同調した。パットンはこの時T26E1の導入に反対しただけでなく、75mm砲は充分満足のいく性能をもっていると断言して、76mm砲搭載のM4の配備にも反対したのである。パットンはいうまでもなく、戦車機動戦のリーダーとして第二次大戦で名を馳せた人物だが、技術的なことになると、このように過ちを犯すことが多かったといわれる。1944年9月にロレーヌで、また同年12月にサンヴィトで戦車

「ゼブラ調査団」は、T26E3の先行生産車をヨーロッパに送り込み、データ収集の目的で戦闘に参加させた。写真は第9機甲師団第14戦車大隊C中隊の、ジョン・グリンバル中尉指揮の小隊に配備されたT26E3が、ドイツのフェトヴァイス近傍で小休止しているところである。同小隊はこのあと1945年3月7日、かの有名なレーマーゲン鉄橋奪取作戦に参加する。

訳注4：1943年2月のスターリングラードにおける敗北の穴を埋めるべく、ドイツはクルスクを中心に大きく突出したソ連の最前線地区に狙いをつけ、これを南北から挟撃する「ツィタデレ」作戦を計画して、7月5日に総攻撃を開始した。しかし事前に状況を察知して防御態勢をかためたソ連軍の頑強な抵抗を受けて前進速度が鈍り、やがてソ連軍が反撃に転じたため、7月12日にプロホロフカ村近郊で約1000両の戦車が激突し、第二次大戦最大の戦車戦となった。

戦を指揮したブルース・クラーク将軍が、後に「パットンの戦車の知識はね、そこらにうようよいる連中とほとんど同じレベルだったからね」と語ったというから、実際よく知らなかったのだろう。

パンター戦車の出現

　陸軍省内で断が下って、AGFによる新型戦車生産への正面からの反対は封じられたが、その陰で間接的な妨害がなお続いた。マクネアー中将は装甲が厚くて重いT26E1よりも、より軽量なT25E1を贔屓(ひいき)にして、T25E1の90mm砲をもっと軽い76mm砲に載せ換え、また履帯をT26E1の幅広タイプに交換すれば、M4なみに攻撃力と機動力がバランスしたいい戦車ができる、という提案まで行なった。だが陸軍省はこの申し出にも一顧も与えず、逆にT26E1の生産予定数を2000両に増やし、そのうちの200両に105mm榴弾砲を搭載して、残りは90mm砲のままとする決定を下したのであった。

　当時行なわれた新型戦車をめぐるこうした一連のいざこざを今になって冷静に眺めると、やはり現実を忘れて、抽象的な議論に走った点に問題があったとしか思えない。というのは、1944年の夏にドイツ軍がどのような新兵器を繰り出してくるかを、誰も具体的に予測していないのである。第二次大戦の後半、東部戦線では戦車砲、対戦車砲、そして戦車の装甲をたがいに強化し合う熾烈な競争が繰り広げられ、1943年の夏、ドイツはクルスク戦(訳注4)の途中からパンターを投入した。パンターはソ連のT-34の対抗馬として開発され、後に第二次大戦の最高傑作とまでいわれた優秀な中戦車で、アメリカ陸軍情報部は、捕獲したパンターの公開展示に招かれたモスクワ駐在武官から情報を入手して、その仕様の詳細を報告書にまとめ、1943年の秋に広く関係部門に配布した。パンターの前面装甲はティーガーほど厚くはなかったが、適度の傾斜角の効果で、ティーガーよりも被弾に強かった。その実質厚さが80～85mmの前面傾斜装甲板（グレイシスプレート）は、傾斜を考慮した換

前頁掲載写真の説明にあったグリンバル小隊に所属する、別のT26E3を示す。1945年3月1日、レーマーゲン到達の直前に、ドイツのツームからギニックに至る道路上で撮影したもの。後方にT1E1地雷爆破ローラーを押すT5E1回収戦車が見える。(US Army)

算有効厚さが135mmに達し、連合軍の76mm砲を以ってしては、主砲の防盾だけは100mの至近距離からなんとか撃ち抜けたが、車体はいかに接近しても貫通不可能だった。

　情報部の報告書にパンターの詳細仕様が正確に記載されていたにもかかわらず、アメリカ陸軍はこの新型戦車のもつ重要性を結果的に無視する過ちを犯した。彼らはパンターを、ティーガー同様独立の部隊に配備されるだけの、少数生産の重戦車と解釈したのである。だがそれはとんでもない間違いで、パンターはPz.Kpfw.Ⅳ（Ⅳ号戦車）と交替すべく開発された次期新型中戦車であり、ティーガーと違って最初から大量に生産されて、1944年6月に連合軍がノルマンディに上陸した時は、在仏ドイツ戦車部隊の中戦車の半分がパンターに入れ換わっていたのである。そのため1943年度にアメリカ軍がごくたまにティーガーに遭遇したのと違って、フランスにおけるパンターは、アメリカ軍にとって一大脅威となった。

　パンターの脅威の読み違いは、ノルマンディ以前に陸軍上層部が犯した最大の過ちのひとつであろう。アメリカ軍の司令官クラスは、実戦経験がないため戦車技術の進歩の動向についての世界的視野に欠け、自軍の戦車の欠点と戦車運用原則の間違いに気づかなかった。一方1939年以来ドイツ軍が戦車の火力を着々と増強するさまを目の当たりにしたイギリス軍は、パンター出現以前に、強力な17ポンド砲を完成させた。彼らは単純に過去の戦闘経験から、1944年までに相手がより強力な主砲とより厚い装甲をもつ新型戦車を投入してくるに違いないと踏み、具体的な情報を待たずに、17ポンド砲の開発を推進したのである。その結果ノルマンディに上陸したイギリス軍のどの戦車中隊も、最小限1両の17ポンド砲搭載型シャーマン戦車（通称ファイアフライ）をもっていた。もちろんそれで完璧ということにはならなかったが、少なくともイギリス軍戦車隊はパンターとティーガーを相手にした時、相手のほうが強いのは事実としても、こちらも敵を仕留めるチャンスをつかむことができたのである。

長砲身の90mm砲T15をそなえ、第二次大戦に参加したアメリカ重戦車の中で最高の火力を誇ったT26E4。これはじつは試作1号車で、ヨーロッパに送られたのはこれ1両だけだった。現地で受領した第3機甲師団の工作班の手により、すでに車体前方と主砲防盾に追加装甲が取り付けられたのがわかる。この写真が撮影されたあと、さらに砲塔前方コーナーにも追加装甲が施された。この写真が撮影されたあと、さらに砲塔前方コーナーにも追加装甲が施された。この車両は1945年4月4日にただ一度だけ、型式不明の敵重戦車めがけて必殺の一弾を放ち、命中させた。（Patton Museum）

くやまれる開発遅延

　さて陸軍が生産を決断したT26E1に話を戻すと、決断したのが1943年末ならば、工場で生産した車両が半年先のノルマンディ上陸には充分間に合いそうなものだが、それは不可能だった。なぜなら、過去のAGFの妨害が尾を引いていたかどうかは別にして、とにかくこの1943年暮の時点で設計仕様がまだしっかりまとまらず、宙に浮いていたからである。

　その点ほかの戦車はどうだったか、ごく大雑把に開発のスピードを比較してみよう。M4A3中戦車の装甲を強化したM4A3E2突撃戦車、通称「ジャンボ」の場合は、開発のはじまりが1944年2月で、最初の量産車が戦地に到着したのが8ヵ月後の1944年秋だった。M4A3E2はM4を部分的に改造しただけで、まるごとあたらしい戦車ではなかったが、それでもこれだけの日時を必要とした。ほかのもう少しT26E1に近い例としては、ドイツのパンター、イギリスのセンチュリオン、ソ連のIS−2がある。パンターは1941年の夏に開発がはじまり、2年後の1943年夏に就役した。センチュリオンは1943年の暮（T26E1より少し遅いだけでほぼ同時期）に開発に着手したが、実車テストの開始が欧州で戦争が終わった直後の1945年5月だから、かなりゆっくりしたテンポで進んだことは間違いない。それにくらべるとIS−2は進み方が速く、1943年夏のクルスクの戦いでティーガー、パンターとまともにぶつかってショックを受けた赤軍が（すでに存在したIS−2の原案を変更して、一挙に強力な戦車に格上げした上で）開発を急がせた結果、7カ月後の1944年2月にはもう戦場に姿を見せていた。ということで、パーシングの開発の進みはパンター、センチュリオンほどのろくはないが、ソ連のIS−2の驚くべき早業の比ではなく、要するに平均的で、特に急いだ形跡はないといっていい。

　では肝心の新型戦車が間に合わないとわかった時、ほかに打つ手はなかったのか。もしアメリカ陸軍がパンターの脅威をほんとうに正しく認識していたら、ソ連のT−34/85同様、M4を改造してより強力な主砲、たとえば90mm砲を搭載することも、けっして夢物語ではなかったはずである。さらに一時凌ぎの便法として、76mmHVAP（高初速徹甲弾）の使用を早める方法もあり得た。

　それにしても残念なのは、1943年秋の時点で陸軍がもっと熱心にT26E1のようなすぐれた新型戦車の実現に本気で取り組んでいたら、欧州の主戦場がドイツ国内に移る3カ月前の1944年12月、バルジの戦い（訳注5）のさなかに、T26E1を前線配備できたかもしれないのである。だが現実はM26に冷たかった。1944年6月に前線に送り届けるには、遅くとも1943年秋に生産を始めなければならないのに、最初の試作車（訳注6）が出来上がったのがな

訳注5：ヒットラー自身の構想にもとづき極秘裡に準備を進めたドイツ機甲師団と歩兵師団が1944年12月16日、南北80kmにわたる前線を突破してアルデンヌの森林地帯に進撃した。当初悪天候に助けられて不意討ちに成功、優勢に戦いを進めたドイツ軍は、降雪、退却する米軍車両による道路閉塞、燃料の欠乏、さらに急速に態勢を立て直した米軍の反撃により動きが鈍り、当初目標としたアントワープのはるか手前で挫折、結局最前線が少し西に突き出しただけに終わったため、「バルジ（突出部）の戦い」の名がついた。

訳注6：設計終了後にテストを行なうための普通の意味での試作車で、量産試作車もしくは先行量産車ではない。

沖縄で日本軍の47mm対戦車砲によって甚大な被害を蒙ったアメリカ陸軍は、急遽M26パーシングの先行生産車の一群を沖縄に輸送した。だが沖縄に到着した1945年7月21日には戦闘がすでに終了し、次の日本本土攻撃も日本の降伏で実現せず、M26は太平洋戦線では実戦を経験できずに終った。(US Army)

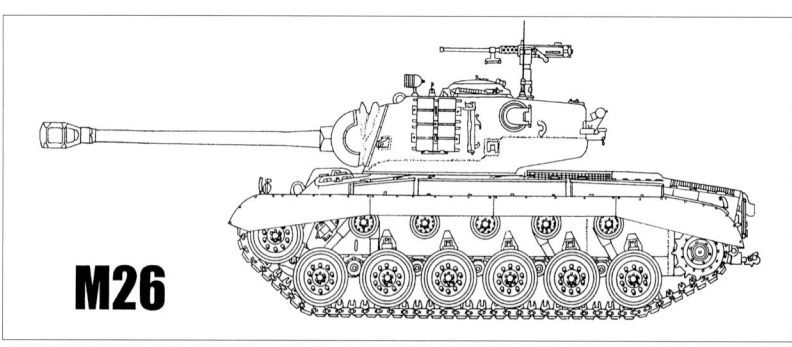

M26

んと1944年2月であり、これで早期参戦の望みは完全に絶たれてしまった。

ノルマンディの戦車戦
The Normandy Tank Crisis

　1944年6月、先鋒部隊に続いて、アメリカ軍独立戦車7個大隊と機甲2個師団がノルマンディに上陸した。実戦の場では自分たちの戦車にかなうものはない、とかねがね聞かされてきたM4シャーマンの乗組員たちは、上陸直後の戦闘で味方に大きな損害が出たと知って、ショックをかくせなかった。
　M4は、75mm牽引式対戦車砲Pak40やパンツァーシュレック(訳注7)をはじめとするすべてのドイツ軍対戦車兵器の攻撃に弱く、そのため上陸後の1カ月間に、M4の乗組員の32パーセントが死傷した。アメリカ陸軍はそれを7パーセントと予想したが、現実はその4倍を越えたのである。M4は戦車が相手の場合は、Pz.Kpfw.Ⅳ(Ⅳ号戦車)なら互角に戦えた。しかし新型のパンターは勝手が違って、従来の75mm砲ではもちろんのこと、あらたに導入し

訳注7：米軍のバズーカ砲をコピーしたといわれるドイツ軍の携帯式ロケット砲。後によりすぐれた携帯式の無反動砲であるパンツァーファウストも登場した。

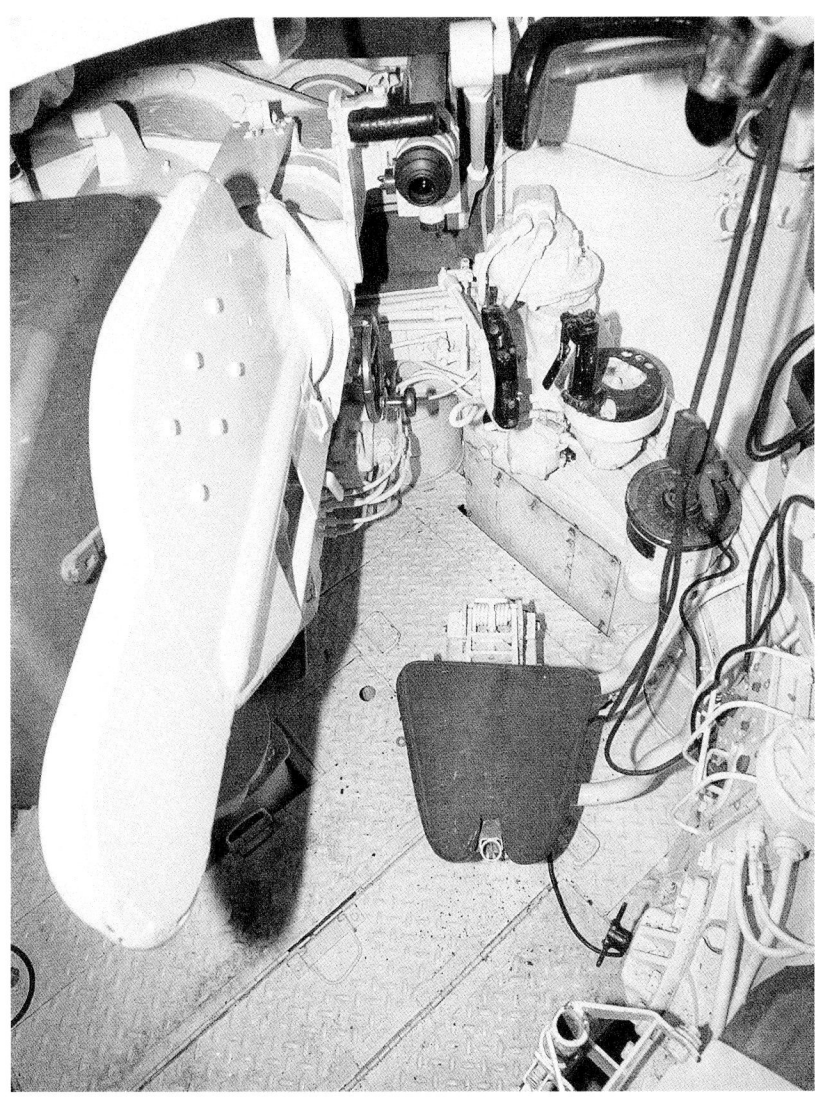

フォート・ノックスのパットン博物館に保存されているM26の砲塔内部。手前右側が車長席で、そこから前方を見下ろしたところ。すぐ前に見えるのが砲手席で、その左に砲尾が突き出ている。砲手席の前方、写真でいうと上方に、砲手が扱う一連の射撃制御装置が見える。(Author)

訳注8：畑の境界線や道路沿いに植えられた、ノルマンディ地方独特の背は低いが分厚く生い茂った灌木。戦車の動きを妨げ、また絶好の待ち伏せ場所を提供するなど戦車戦に大きな影響を与えたために、一躍有名になった。フランス語でボカージュ。

訳注9：「軍集団」については、訳注10を参照。

た76mm砲でも、その前面装甲を真正面からは撃ち抜けなかった。それならばと横へ回り込んで相手の弱点とされた側面を狙おうとしても、ノルマンディ地方特有のヘッジロー(訳注8)に邪魔されて、M4が得意とする機動戦に持ち込むことができなかった。ノルマンディの戦いは、それまで延々と繰り返されてきた、戦車駆逐車が果たして敵戦車を一挙に撃滅できるか否かの議論に、一挙に終止符を打った。あまりにもはっきりと、不可能の答えが出たからである。米軍の戦車は、それが独立戦車大隊所属か機甲師団所属かを問わず、しょっちゅうドイツ軍戦車と遭遇した。そしてそうなったら戦車駆逐車を呼ぶひまなどなくて、いきなりその場で交戦して、その場で勝敗の決着をつけるしかなかった。敵戦車との戦いを戦車駆逐車に一任するアメリカ陸軍の運用原則は、完全に守勢にまわった1940年のフランス軍ならともかく、息つくひまもない大規模攻撃を展開中の1944年のアメリカ軍にはまったく通用せず、逆にその力を削ぐ結果になった。

ノルマンディにおける苦戦は、軍の内部に、アメリカの戦車設計に対する批判の嵐を巻き起こした。当時陸軍第12軍集団所属機甲軍(訳注9)が作成した報告書に、味方戦車の弱点を的確に指摘した次の記述がある。

「ヘッジローの多い地区で戦闘を開始してすぐ、われわれは味方の主力戦車の装甲がパンター、ティーガーの前面装甲にくらべて問題にならぬほど弱いことを知った(中略)……これがもしヘッジローのない開けた場所での戦闘だったら、敵に遠くから狙い撃ちされて、さらに悪い結果になっていたに違いない(後略)……」

ノルマンディの戦車戦は、強力なドイツ戦車師団がイギリス軍の正面に立ちはだかった時がピークだった。だが駆けつけたアメリカ軍戦車が突破口を開き、それで全体のバランスがくずれて、苦戦しながらもやっと前進が可能になった。

1944年7月12日、陸軍第1軍が組織した特別委員会が、捕獲したパンターとティーガー

を標的にして、実弾によるアメリカ軍戦車砲の実力判定テストを実施した。その結果近距離から側面もしくは後部を狙った場合は別として、現行のアメリカ軍戦車のいかなる主砲、弾薬をもってしても、正面からはパンターの装甲を撃ち抜けないことが判明した。この報告を受けたアイゼンハワーは、怒りのあまりふだんの冷静さを失って参謀たちに当たり散らしたといわれるが、無理もない話だった。

「なに、76mmがパンターに跳ね返されただと。76mmは奇跡の大砲です、ご安心下さいと言ったのは誰だ。いまさらそれがダメとは言わせんぞ!」

「君らは俺に報告すればそれで終わりか? それで俺にどうしろというんだ? これさえあればドイツの戦車は全部始末できますと、兵器局が保証したんだぞ。それが今になってできませんなんて、よくも言えたもんだ!」

こうなったら応急手当で対処するしかなく、いちばん手っ取り早いのが進行中の新型戦車駆逐車の開発を促進する方法だった。それがすなわちM36であり、T26と同じ90mm砲をもつこの戦車駆逐車は、1944年秋には早くも最前線に姿を現した。この砲の威力については現地部隊も文句のつけようがなかったが、本音を言えば、装甲の貧弱な戦車駆逐「車」ではなく、防御と攻撃の両方に強い戦車駆逐「戦車」を寄越せと言いたかったであろう。

AGFは、連合軍がノルマンディを離れ、苦しみながら前進をはじめた1944年8月になってもまだ、T25E1とT26E1にそれぞれ75mm砲と76mm砲搭載の派生型をつくれと主張して兵器局を困らせたりしていたが、前線から届く戦車についての苦情がピークに達すると、この要求をこっそり取り下げた。だがそのままは引き下がらず、T26E1を装備した小部隊を編成して試験的にヨーロッパに派遣する動きが表面化するとそれに反対し、さらに兵器局が焦って、技術テストが完全に終わらないうちにT26E1を制式化しようとすると、その動きを目ざとくとらえて抗議した。

悪いことに兵器局は、この期におよんでもなお76mm砲しか装備していないT23への未練

前頁と同じM26パーシング戦車の内部で、装塡手席から前方を見たところ。写真の下左に並んでいる砲弾固定ラックには、ラック1個あたり2個の90mm砲弾を固定できる。中央右に突き出ているのが、主砲と同軸の7.62mm機銃のマウント部。(Author)

上●アメリカ陸軍は、戦後もM26の改良を続行した。写真は実験的にT15戦車砲を搭載したT26E4。T15は強力だったが、弾体と装薬が分離しているため取り扱いに難があり、制式採用は見送られた。砲塔の上部、装塡手席の真上に、試験的に設置した2連の12.7㎜機銃が見える。
(Patton Museum)

を断ち切れず、1944年春に第758戦車大隊に命じて実用試験を実施した。ところが兵器局の期待に反して機甲軍が、T23はあまりにも問題が多いこと、特にその電気式駆動システムは前線で使うにはまったく不向きなことをはっきり指摘したために、事態が輪をかけて紛糾した。兵器局は、すでにT23を250両生産する決定を下したあとだったので簡単にあきらめず、1945年初頭に前線に試験配備する案まで検討したが、その間もT23の技術的不具合はなお延々と続き、結局は自滅の道を辿って海外に送られることも、制式化されることもなく終末を迎えた。あとに残ったのは、半身不随のT23を長いこと引きずり回し、しかもT26E1に対して曖昧な態度に終始した兵器局に対する不信感だけであった。

the pershing tank emerges

パーシング戦場に現わる

　1944年春、新型戦車を求める声が高まる直前に、ようやくT25E1とT26E1の試作車のテストがはじまった。トラブル続きのT23にくらべてT26E1のテストははるかに順調に進み、それを見た陸軍省は6月15日に、翌年度の戦車生産計画に修正を加えて、T26系の全生産台数を6000両に増やした。T26E1のテストは1944年の暮まで続き、その間に例によって量産開始前に処理すべき問題項目がかなりの数発見されて、その対策をすべて適用した量産車をT26E3、その派生型である105㎜榴弾砲搭載の突撃砲戦車をT26E2と呼ぶことがきまった。

　T26E3の生産は、グランド・ブランク戦車工場で1944年11月からはじまり、1945年3月からデトロイト戦車工場がこれに加わった。T26E3は、ヨーロッパの戦争が終結するまでに705両が完成し、その後制式採用が決定して型式呼称M26が与えられたが、ヨーロッパ駐在のアメリカ軍部隊はT26時代の名残で、M26E3と呼んだりしていたらしい。第二次大戦中のアメリカ陸軍には戦車に名前をつける習慣がなく、愛称好きのイギリス軍がスチュアート(M5)、グラント(M3)、シャーマン(M4)と矢継ぎ早に命名しても知らぬ顔だったが、戦後にこれらの名前がすっかり有名になったのを見てアメリカ陸軍も考えをあらため、新型戦車に最初から名前をつけることにした。その第1号が、第一次大戦の欧州派遣アメリカ軍総司令官、ジョン・"ブラックジャック"・パーシング将軍にちなんだM26「パーシング」だった。

　1944年の秋になると、欧州戦線からの新型戦車を渇望する声が少しおさまったが、それ

装薬分離式の弾薬を使用するT15型90mm砲をT26E4でテストしたアメリカ陸軍は、その後一体型の弾薬が使えるT54型90mm砲を完成させ、写真のM26E1に搭載した。M26E1は残念なことに、1940年代後半の予算削減の影響で、制式化を見送られた。(Patton Museum)

　は8月にノルマンディの戦車戦が終ってから東に向けて進撃するにつれ、味方の戦車の損失が急速に減って、通常のレベルに落ち着いたからだった。その上翌月の9月にはパットン将軍率いる第3軍が、ロレーヌで反撃に出たドイツ軍戦車隊を粉砕する快挙を成し遂げた。パットンの戦車はほとんどが75mm砲装備のM4だったが、実戦経験を通じて短期間で腕を上げ、正しい戦法をマスターしたアメリカ軍戦車隊は、パンター部隊に対して身分不相応ともいえる損害を与えることに成功したのだった。この時第12軍集団(訳注10)の装甲車両統括先任士官がワシントンに送った報告書には、きわめて楽観的な見通しが記されていた。
　「ドイツ軍は、その戦車の大部分を失いました。この先戦争が終わるまで、我々は二度とパンターに悩まされることはないと信じます……」

ゼブラ調査団

　1944年の秋、アメリカ軍戦車部隊の指揮官たちは、ノルマンディで失った戦車を早急に補充し、あわよくばそれに上乗せして、部隊の戦力を増強しようと焦ったが、ヨーロッパ戦線にはもともと予備の戦車がなく、その上補充の戦車がなかなか到着せず、結局どの部隊も定数より少ない戦車で戦わざるを得ない状態だった。そこへ1944年12月、アルデンヌでバルジの戦いが起きて、アメリカ軍戦車の損失がふたたび増大傾向を見せ、さらにドイツ軍がパンターに加えてケーニッヒスティーガーと新型の戦車駆逐車を動員するにおよんで、アメリカ軍戦車の技術上の劣勢がふたたび表面化し、新聞がこの事実を「戦車スキャンダル」として報道したために、アメリカ本国で大騒ぎになった。
　こうなると軍の苦情と世論の圧力に押されて兵器局も無策ではいられなくなり、戦車工場でT26E3が40両ラインオフしたばかりではあったが、局長のバーンズ中将は、その半分を前線に送り届けて試験的に実戦に投入し、残りをフォート・ノックスで通常のテストに供するという、前例のない大胆な措置を提案した。例によってAGFはこれに反対を唱えたが、バーンズがマーシャル参謀総長の前で話をつけようと脅すと、態度を軟化させた。
　これでT26E3をヨーロッパに送るための下拵えが整って、「ゼブラ調査団」の出番となった。ゼブラ調査団は、アメリカ軍新兵器の技術上の問題点確認のみを目的に編成された特別グループで、その中のT26E3担当の分科会は、リーダーのエルマー・グレイ大尉以下、主として陸軍の戦車設計の専門家たちで構成され、アバディーン試験場所属の90mm砲の

訳注10：第二次大戦の最終段階における米陸軍の組織は、軍＝Armyの上に軍集団＝Army Groupを置いた。ブラッドレー率いる第12軍集団は、ホッジスの第1軍と、パットンの第3軍で構成されていた。

ティーガーⅠ型の出現に驚いたアメリカ陸軍は、パーシングを上回る重量級戦車の開発に取り組んだ。写真は高射砲を改造した120mm戦車砲を搭載し、1945年に完成した試作戦車T34。陸軍が試作した一連の重戦車T29、T30、T34は、いずれも全体デザインにパーシングの影響が強く表れ、よく似てはいるが、もちろんエンジン、砲塔その他すべてが別物で、実質的内容はパーシングとは大きな隔たりがあった。第二次大戦の終了とともに、これら重戦車シリーズは全部キャンセルされた。(MHI)

専門家、スリム・プライス技師も名を連ねていた。T26E3の第一陣の20両は、対戦車砲など戦車以外の各種の新兵器と一緒に1945年1月、ベルギーのアントワープ港に到着した。

この20両はすべてブラッドレー将軍の第12軍集団に編入されることになり、第1軍がこれを受領して第3、第9機甲師団に10両ずつ配備した。新戦車の慣熟訓練は、第3機甲師団では2月20日に、第9機甲師団では2月末にそれぞれ完了した。

レーマーゲンの戦い

T26E3を受領した第3機甲師団の各中隊は、「ラブレディー」任務部隊(タスクフォース)に編入されて、ドイツ・オランダ国境近くのルール川の戦闘に参加し、1945年2月25日にはじめて実戦を経験した。続いて翌2月26日夜、T26E3の1両がエルスドルフ近郊で第301戦車大隊所属とおぼしきティーガーに待ち伏せされ、命中弾を浴びて乗員2名が死亡したが、車両はすぐ修理されて、数日後に戦線に復帰した。翌々日の27日には、今度は第33機甲連隊E中隊のT26E3が、同じくエルスドルフの近くで第9戦車師団所属と推定されるティーガー1両とⅣ号戦車2両を撃破した。ティーガーは、最初T26E3が900ヤード(820m)の距離から放った新型のT30E16高初速徹甲弾が命中し、次いで通常型T33徹甲弾が砲塔を貫通して、内部で爆発を起こした。Ⅳ号戦車のほうは、2両とも1200ヤード(1100m)の距離から発射した最初の1発で仕留めたが、この距離は、第二次大戦でアメリカ軍戦車が常用した射撃距離をかなり上回るものだった。

第9機甲師団のT26E3はやや遅れて、3月1日にやはりルール川の戦闘に加わったが、その夜早くも1両が150mm野砲の直撃

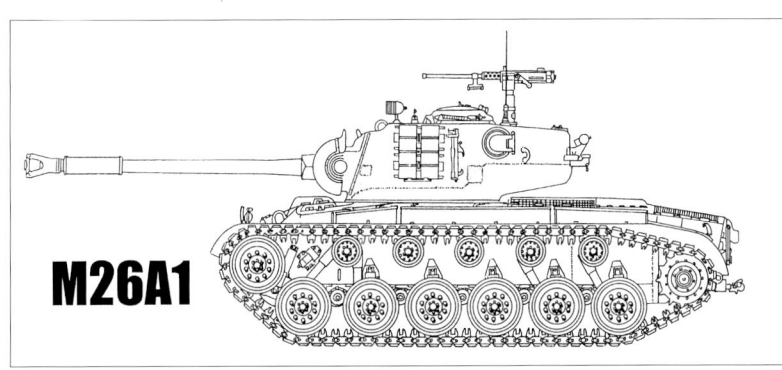

M26A1

弾を2発受けて行動不能に陥った。残り4両となった第14戦車大隊のT26E3は、そのしばらくあとに、第二次大戦の最も有名な戦いのひとつに参加することになった。

　1945年3月7日、ライン川に沿うレーマーゲンの町を見下ろす丘の頂上に上りつめたハーフトラックの上で、米軍第9機甲師団B戦闘団の兵士たちは、眼前に広がる光景に思わず息を呑んだ。ライン川にかかる橋のほとんどが、連合軍の進撃を妨げるためにドイツ軍の手で破壊されたというのに、ここレーマーゲンのルーデンドルフ鉄道橋は、その威容を少しも損なうことなく、そこに横たわっていたのである。ライン川西岸ではまだ多数のドイツ兵が戦闘を続行中で、それで橋の守備隊の指揮官が橋の爆破をためらった結果であった。

　ジョン・グリンバル中尉率いるT26E3の小隊に援護されてレーマーゲンの町に突入した機甲軍歩兵は、1400時に橋の西側のたもとに到達した。対岸に陣取ったドイツ軍は戦車の姿を見て、まず橋に通じる土手道に仕掛けた大量の爆薬に点火した。次いでアメリカ軍の歩兵と工兵が橋を渡ろうとすると、今度は橋に仕掛けた爆薬に点火して、大爆発が起きた。だが市販の低級な爆薬を使ったのが仇となって威力が不足し、橋は一部損傷したが、どの橋桁も落下を免れてそのまま残った。すぐに味方の歩兵が橋に突進してT26E3が援護射撃を開始し、その弾丸を浴びて、橋の向こう側のたもとの塔の中から狙いをつけていた敵機関銃座が吹き飛んだ。さらに対岸に沿った鉄道線路上に兵員輸送列車が現われ、何も知らずにのんびりと進んでくるのをグリンバル隊の戦車が発見して、90㎜榴弾ただ1発で機関車を破壊した。

スーパー・パーシング

　ゼブラ調査団によりヨーロッパに送られてきたT26E3のうちの1両が、3月早々ケルン近傍で、待ち伏せ中のナスホルン自走砲から至近距離で8.8㎝砲の直撃弾を浴び、砲塔内の弾薬が爆発して完全に破壊された。終戦までに再起不能に陥ったパーシングは、これだけだった。

　このあと3月6日に、今次大戦で最も有名になった戦車対戦車の一騎打ちがあった。まずケルン大聖堂の中庭にひそむ第9戦車師団の1両のパンターが、進撃してきたM4中戦車を待ち伏せして撃破した。すぐ第3機甲師団第32機甲連隊E中隊ボブ・アーリー軍曹搭乗のT26E3にパンター攻撃の指示が出て、アーリーはパンターの側面に狙いをつけた。最初の1発が命中した時、パンターは何事もなかったように、ゆっくりと砲塔をT26E3の方向に回しはじめたが、続いて

M26パーシングをベースに数多く試作された自走砲のひとつ、8インチ自走榴弾砲T84。M26とは車体の前後が逆になっていて、エンジンとトランスミッションが前にある。前頁のT34同様、戦争終結と同時にキャンセルされた。（Patton Museum）

左頁のT84よりひとまわりスケールが大きい240mm自走榴弾砲T92。巨大な主砲を支えるため、転輪を一組増やして片側7個としたのがわかる。もちろんそれ以外にも大幅な変更が施されている。1945年に5両が試作されたが、やはり戦争終結の影響は避けられず、開発は中止された。
（Patton Museum）

2発目が命中すると火災が起きて、完全にノックアウトされた。この決闘が有名になったのは、たまたまその場に居合わせた通信隊のカメラマンが、両車両を視野に捉えながら一部始終をフィルムに収めたからだった。このシーンはその後一連の戦争記録映画に挿入され、数え切れぬほど繰り返し上映されて有名になったが、解説が間違いだらけなのは残念だった。この世紀の一騎打ちが行なわれたのと同じ3月6日に、第3機甲師団所属の別のT26E3が、ケルンの郊外でティーガーⅠ型とⅣ号戦車各1両を撃破する大手柄をあげた。

　3月中旬に、アメリカ本国で主砲の試射を終えたその足で港に直行し、船積みされた後続のT26が1両、ドイツに到着した。これこそはヨーロッパで戦闘に加わった唯一の「スーパー・パーシング」、すなわちパーシングのいちばん最初の試作車T26E1を改造して、ドイツ軍ケーニヒスティーガーの強力な8.8cm戦車砲KwK43に匹敵するT15E1長砲身90mm砲を搭載した、試作戦車T26E4だった。T15E1は、新開発のタングステンカーバイド弾芯HVAP（高初速徹甲弾）T30E16を使用すれば、1000ヤード（910m）の距離から傾斜30度、厚さ220mmの装甲を貫通できた。このスーパー・パーシングを受領した第3機甲師団は、念のため外側に装甲板を追加して、ケーニッヒスティーガーに負けない防御力をもたせた。この追加装甲は、厚さ40mmのボイラー用鋼板を設計図通り正確に切断して車体に溶接し、またパンターの車体から切り出した厚さ80mmの装甲板で主砲の防盾をカバーするという徹底したもので、重量が全部で5トンもあった。この厳重防備の戦車は1945年4月4日、ドイツ北西部のヴェーザー川近辺の戦いで、ティーガーまたはパンターとおぼしき敵戦車と対峙し、1500ヤード（1370m）の距離から轟然と発砲して、一撃でこれを倒した。スーパー・パーシングによる戦争中唯一度の、そして見事に成功した射撃であった。

ヨーロッパ戦の終結

　3月末に、T26E3の第2陣がアントワープ港に到着した。今度の配備先は第9軍で、第2機甲師団と第5機甲師団がそれぞれ22両と18両を受領した。その後さらに30両が到着して、4月に入ってからパットンの第3軍に引き渡され、その全数が第11機甲師団に編入された。戦争中のT26E3の現地部隊への配備は、これが最後となった。もうこのころには戦争も最終段階に入り、ドイツ軍機甲部隊が壊滅して、こちらがいくら張り切ったところで、相手がいなくなってしまったからである。

　終戦までにヨーロッパに送られたT26E3は合計で310両にのぼり、そのうち200両が戦車

部隊の手に渡ったが、戦闘らしい戦闘を経験したのは上記のごとく1945年2月到着分までだった。ヨーロッパにおけるパーシングの戦歴をひとことで表すならば、その出現が「あまりに遅く、あまりに少数だった」ために、まともに活躍する機会をみすみす逸した、と言うしかない。第1軍は戦後作成した報告書の中で、ゼブラ調査団の実地戦闘テストについて次のようにコメントしている。

「不運にも当調査団が実地テストを計画した直後に、ドイツ軍機甲部隊は短期間のうちに多数の車両を失って戦意も喪失し、そのため彼らを相手に真の実戦経験を得ることが不可能になってしまった……」

T12の試作車。M26パーシング戦車が配備された部隊で使わせるための回収戦車であったが、制式採用されなかった。そのため、実際にM26を抱えた部隊は、M4シャーマン改造のM32装甲回収戦車の継続使用を余儀なくされた。(Patton Museum)

装甲の厚さと主砲の威力においてM4より格段にすぐれるT26E3は、最前線戦車部隊から熱狂的な歓迎を受けた。しかし残念なことに、急いで戦場に送ったことが災いして、そういう場合につきものの構造上の不具合が多発した。兵器局が戦後に作成した報告書に、4頁にわたってその詳細が記載されているが、T26E3の最大の欠点は、航続距離と機動力両方の不足だった。T26E3より10トンも軽いM4A3中戦車のエンジンをそのまま使ったために、燃料消費が過大になっただけでなく、加速とスピードも低下してしまったのである。ハッチが小さいことも使う側にとっては深刻な問題で、特に車体前方のハッチは極端に評判が悪かった。T26E3の生産は1945年10月まで続き、指摘された項目はそれがどんなに微細な不具合であろうと、改善可能なものはその間に次々と設計変更されて、生産中の車両に随時反映された。

大きな変更項目としては、駆動系の捩じり振動により車体がゆさゆさと前後に揺れる問題の対策として、最終減速ギヤケースの外側に深い補強リブを追加したこと、また前後のフェンダーがその上に載った装具や工具類の重さでたわみ、履帯と接触するのを防ぐために、ターンバックルで斜め上から吊ったことなどがあげられる。駆動系統とサスペンションにも多くの不具合があり、その設計変更は、すでに戦地に配備ずみの車両にまでさかのぼって実施された。

T26E3は、太平洋戦線でも活躍するチャンスがあった。1945年4月から5月にかけて実施された沖縄上陸作戦で、日本軍の47mm対戦車砲によってM4中戦車が予想以上の被害を受け、驚いた陸軍省はすぐさま制式採用して間もないM26（旧T26E3）を輸送船で沖縄に運んだ。しかし12両のM26がはるばる太平洋の彼方にたどり着いたのは7月12日のことで、戦闘はとっくの昔にすんでいた。しかし沖縄の次は、日本本土上陸作戦が控えている。一刻の猶予もならぬと第193、第711両戦車大隊がこの12両を使って訓練を開始したが、もちろん本土攻撃は実施されることなく終戦となり、太平洋戦線では遂にM26の活躍を見ることができなかった。

カラー・イラスト

解説は46頁から

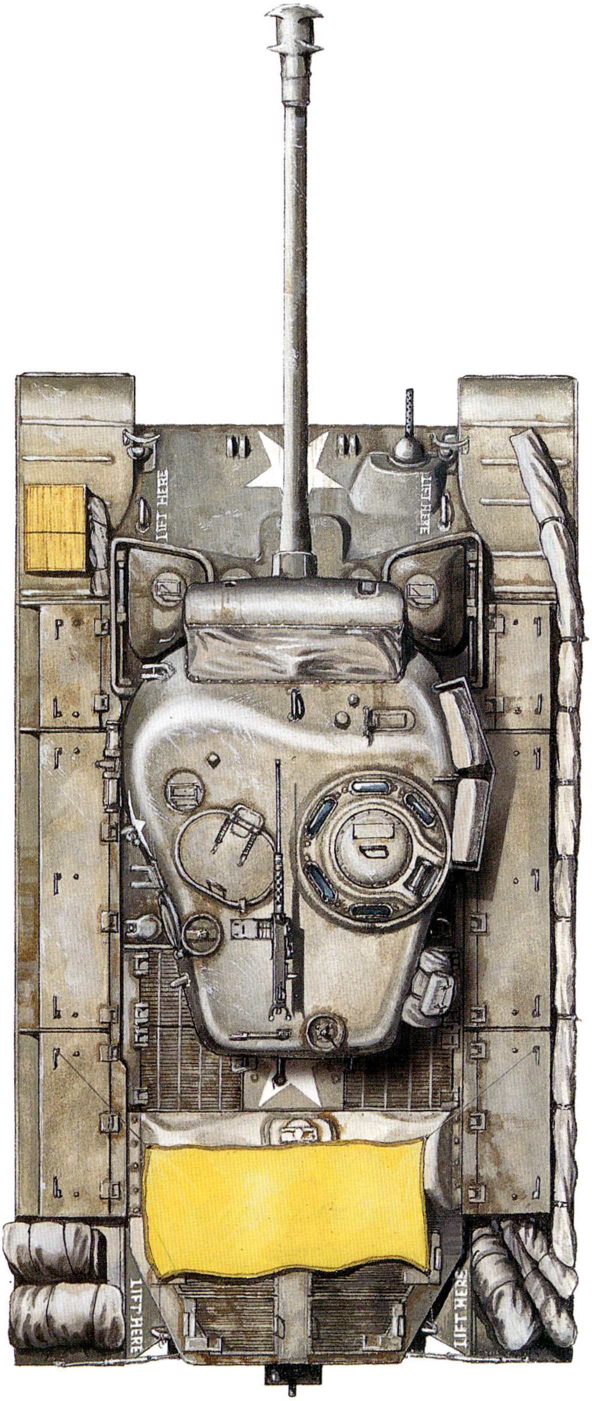

図版A：T26E3パーシング
米陸軍第9機甲師団第19戦車大隊B中隊
レーマーゲン ドイツ 1945年3月

A

図版B：T26E4スーパーパーシング
米陸軍第3機甲師団第33機甲連隊
ドイツ 1945年3月

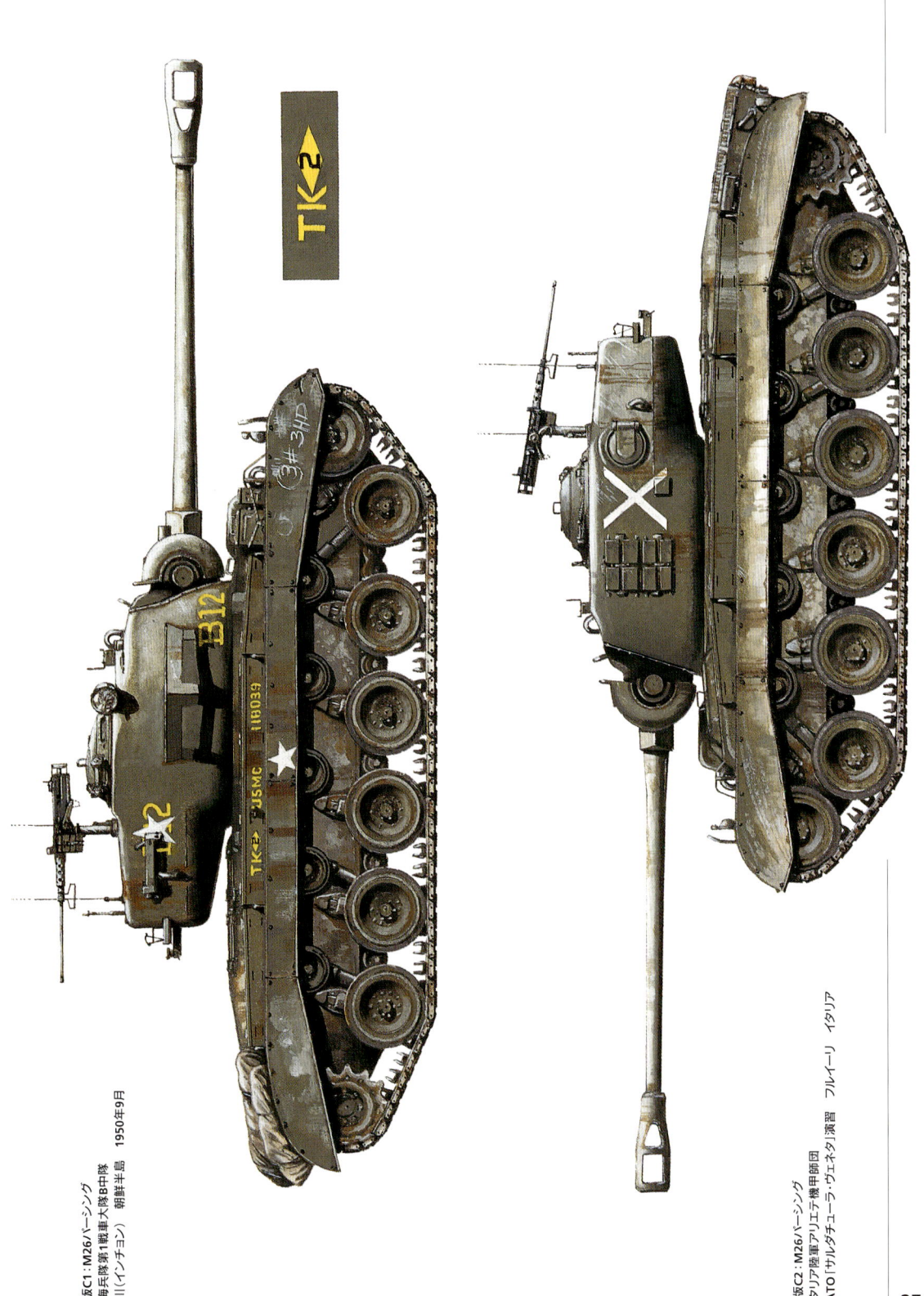

図版C1：M26パーシング
米海兵隊第1戦車大隊B中隊
仁川（インチョン） 朝鮮半島 1950年9月

図版C2：M26パーシング
イタリア陸軍アリエテ機甲師団
NATO「サルダチューラ・ヴェネタ」演習 フルイーリ イタリア

図版D:
アメリカ陸軍 M26パーシング 1945年

各部名称
1. マズルブレーキ
2. 7.62mm同軸機銃
3. 砲手席
4. 90mm砲の砲尾
5. 装塡手用ハッチ
6. 無線アンテナ
7. 車長用ハッチ
8. ブローニングM2型12.7mm機銃
9. 車長席(跳ね上げた状態)
10. フロントハッチ防水カバー収納ラック
11. 室内に格納された弾薬
12. 無線器
13. 12.7mm機銃収納用ステー
14. エンジン
15. トランスミッション
16. エンジン冷却用ラジエーター
17. 排気管
18. トランスミッション点検整備用耐弾型グリッド・ドア
19. 主砲固定具(トラベルロック)
20. ドライブスプロケット
21. 履帯エンドコネクター
22. 救急箱
23. 工具収納箱
24. サイドスカートつきフェンダー
25. 上部転輪
26. 走行転輪
27. 調整装置つき誘導輪
28. フェンダー固定用ターンバックル
29. ヘッドライト
30. 操縦手用潜望鏡つきハッチ
31. 操縦装置
32. 計器盤
33. 車体前部ベンチレーター

主要諸元
乗員:5名(車長、砲手、装塡手、操縦手、副操縦手)
戦闘重量:46.1トン
出力重量比:10.8hp/ton
全長:8.64m
全幅:3.51m
全高:2.77m
エンジン:フォードGAF 液冷4サイクル 8気筒ガソリンエンジン
トランスミッション:トルクマティック 前進3段後進1段
燃料容量:693リッター
最高速度:舗装路 48km/h
　　　　　不整地 32km/h
航続距離:160km
燃料消費:4.3リッター/km
地上高:44cm
武装:90砲M3(砲架はM67)
主砲弾薬:70発(M82被帽徹甲弾、T30E16高初速徹甲弾、
　　　　　T33被帽徹甲曳光弾、M71榴弾)
砲口速度:808m/sec(M82の場合)
装甲貫徹力:
　M82徹甲弾の場合:距離500ヤード(457m)で厚さ120mm、傾斜30°
　T30E16高初速徹甲弾の場合:距離500ヤード(457m)で厚さ221mm、傾斜30°
最大有効射程:21400ヤード(19559m)
主砲俯仰角:−10〜+20°
装甲:115mm(主砲防盾);76mm(砲塔側面)、100mm(車体前面上部)、
　　　76mm(車体前面下部)、50〜75mm(車体側面)

参考資料:米軍戦車砲の装甲鋼板貫徹力
(距離500ヤード(460m)で貫通できる傾斜30度の均一組織装甲鋼板の実質最大厚さ)
APC=被帽徹甲弾　AP=徹甲弾　HVAP=高初速徹甲弾

戦車砲	砲弾	最大厚さ(mm)
75mm M3	M61 (APC)	66
75mm M3	M72 (AP)	76
76mm M1	M62 (APC)	93
76mm M1	M79 (AP)	109
76mm M1	M93 (HVAP)	157
90mm M3	M82 (APC)	120
90mm M3	T33 (AP)	119
90mm M3	T30E16 (HVAP)	221
90mm T15E2	T43 (AP)	132
90mm T15E2	T44 (HVAP)	244

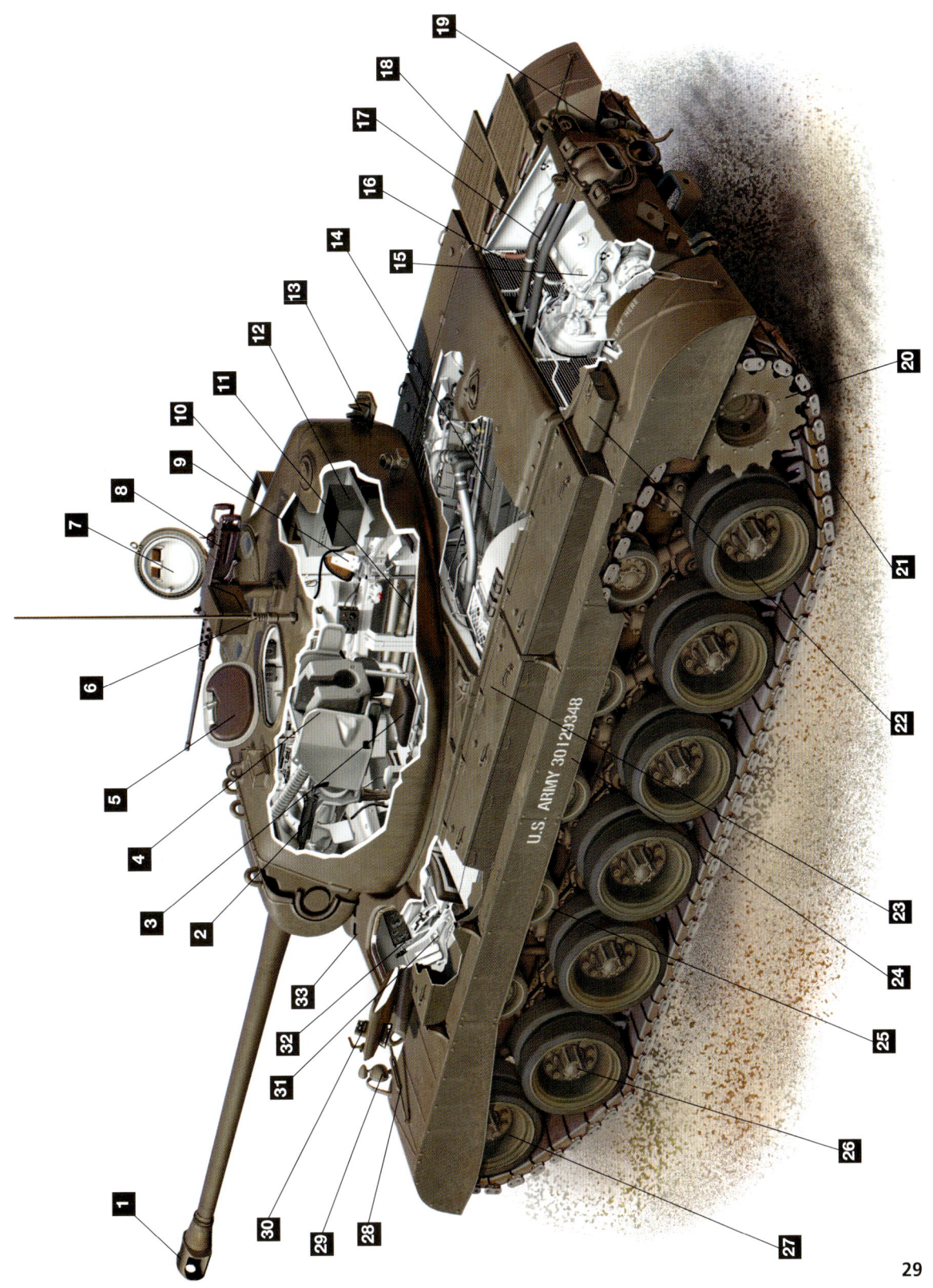

図版C1:M26パーシング
米海兵隊第1戦車大隊B中隊
仁川(インチョン) 朝鮮半島 1950年9月

図版F1：M46パットン
米陸軍第73戦車大隊A中隊
漢江（ハンガン）　朝鮮半島　1951年2月

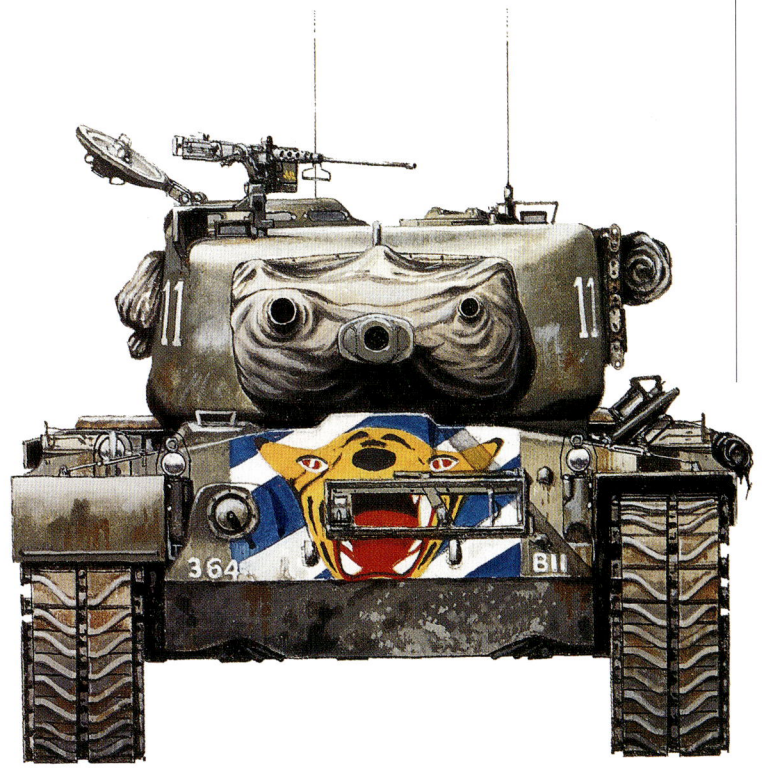

図版F2：M46パットン
米陸軍第64戦車大隊
漢江（ハンガン）　朝鮮半島　1951年2月

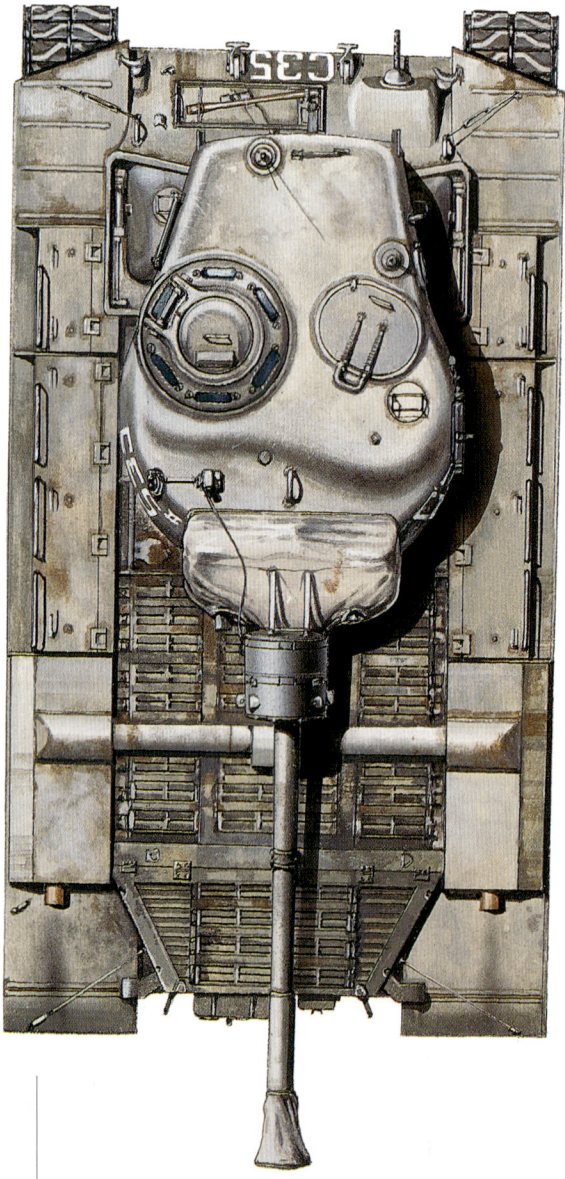

図版G：M46パットン
米海兵隊第1戦車大隊C中隊
漢江(ハンガン) 朝鮮半島 1952年

late-war developments

大戦末期以後の戦車開発状況

1944年に、まだ制式採用にもなっていないT26に、早くも派生型が生まれる可能性が出てきた。105mm榴弾砲を搭載したT26E2の開発がスタートしたのである。すでに就役ずみの105mm榴弾砲搭載のM4と同じく、T26E3の配備を受けた戦車大隊の司令部付き中隊が援護射撃に用いるための車両だったが、M4A3E2「ジャンボ」のように、突撃戦車として使う案もあったらしい。

T26E2はさほど高い優先度を与えられず、その影響で試作車のテストが1945年7月にずれ込んだが、ほどなくして制式採用がきまり、型式がM45となった。M45に搭載された105mm M4榴弾砲はもとの90mm M3戦車砲よりも重量が軽く、そのため砲塔と釣り合いをとるのに厚さ200mmもの防盾が必要となり、結果的に主砲防盾厚さがT26E3を凌ぐことになった。だがここまでまとまったところで日本が降伏し、もう戦争がないから需要もないということで、1945年7月にはじまった生産は185両で打ち切られてしまった。M45は1950年から1953年

M46はM26を大幅に改造した戦車で、その改造内容が幸運にも朝鮮戦争開始の直前に決定したため、同戦争に参加できた。大きな改造項目としては、後部に置いた一体結合のエンジン、トランスミッション（通称パワーパック）がそっくり新型に入れ換わり、それにつれてエンジン整備、交換用のハッチと車体後部パネルが変更になったこと、主砲がボアー・エバキュエーターとマズル・ブレーキつきの90mm M3A1に変わったことがあげられる。M46を外部から見分けるには、リヤ・フェンダー上の大型マフラーと（M26は排気出口が車体の真後ろにあった）、ドライブスプロケット直前下側に増設された小型転輪を見ればよい。写真は1952年1月10日、韓国ソンシルリ近郊で、第24歩兵師団のために90mm砲の援護射撃を行なう第6戦車大隊C中隊のM46パットン。
（US Army）

まで続いた朝鮮戦争に、少数が参加している。

第二次大戦中に生産されたM26の派生型のうち、時期的に最も遅かったのがT26E5である。シャーマンから派生した突撃戦車M4A3E2「ジャンボ」と同じカテゴリーに属する戦車で、その装甲は車体前面で152mm、砲塔前面で190mmもの厚さがあった。1945年6月に生産がはじまって総計27両が完成したが、もちろん戦争に間に合うわけがなく、戦後テストされただけで終わりとなった。その後T26E5をT32重戦車に改造するプロジェクトが発足したが、これも2両製作されただけであとが続かなかった。

M46は、つきつめていえばそれ自体がM26の派生型であり(ただし普通の派生型にくらべて改造の規模がずっと大きい)、したがってそこからの派生型は当然数が少なかった。写真はそのひとつで、かつて10両試作したT40(M26の原型となった試作戦車)の1両を抽出して改造を施し、1951年に完成したT39の試作車。イギリス製の6.5インチ陣地破砕砲マーク1を搭載し、30ポンドHEP(プラスチックケース入り高性能榴弾)を使って地下掩蔽壕を破壊する工兵用の特殊戦車である。後部に突き出しているのは容量20トンのブームつきウインチ。工場のM46生産ラインがM47に切り換わったあとにこの試作車が完成したため、制式採用のチャンスを逃してしまった。(Patton Museum)

T26の火力を増強する試みは、何段階にもわたって、かなり活発に続いた。最初に、T26E1の車体にまだ試験段階にあった90mm砲T15を搭載しただけのT26E4「スーパー・パーシング」が現われたが、これは取っ掛かりにすぎなかった。次に主砲は同じT15だが、かさばって邪魔な砲座のスプリングを廃止したT26E4が現われ、1945年までに25両が完成した。この戦車の問題点は、分離型の弾薬を使用することにあった。つまり弾体とケース入りの炸薬が別になっていて、そのため扱いづらく、その影響で発射速度、すなわち連続して射撃する速さが遅いのである。最初の計画では1000両のM26を生産ラインから引き抜き、このT26E4にコンバートすることになっていたが、終戦でキャンセルされてしまった。

やがてT15を改良して、分離型ではなく一体型の砲弾を使い、それでいて破壊力がT15と同等の戦車砲T54が完成した。T54に使う砲弾は狭い砲塔内でもすばやい装填が可能で、発射速度は問題なかった。この砲を搭載し、同時によりコンパクトな反動吸収機構(リコイル・システム)を導入して砲塔内のスペースを拡大するなどの改良を加えたM26E1のテストが、1947年2月から1949年1月にかけてアバディーン試験場で行なわれた。結果は期待に違わず、この砲の威力が当時の米軍が保有するすべての戦車砲にまさることが立証されたが、軍事予算が極端に切りつめられ、また強力な武器を必要とする脅威が去った状況

1950年9月19日、金浦（キムポ）飛行場を占領した第5海兵師団は、漢江（ハンガン）方面への攻撃を開始した。写真は同師団の先頭グループをリードする、第1海兵戦車大隊B中隊所属のM26パーシング。同中隊は仁川（インチョン）上陸直前に、105㎜榴弾砲搭載型M4A3からM26への機種転換をすませたばかりだった。
(US National Archives)

左頁下●1950年8月17日、釜山（プサン）円陣の北のはずれ、洛東江（ナクトンガン）に面した倭館（ウェグアン）で、M26がはじめて北朝鮮のT-34/85と対決し、これを撃退した。写真はその直後に、同じ場所で守備位置につくべく準備中の、海兵隊の2両のパーシング。その向こう、海兵隊のトラックとジープのうしろに、北朝鮮軍第107戦車連隊第2戦車大隊長が搭乗していたT-34/85（車番314）の残骸が見える。砲塔内の砲弾の爆発で吹き飛んだT-34の砲塔のルーフパネルが、トラックのすぐ横にころがっている。
(US National Archives)

ではこれ以上の進展は無理というもので、開発は失速した。その後海軍の3インチ砲を戦車砲に改造したT98高初速3インチ砲をM26E1に搭載して、射撃テストまで実施したが、これも同じ運命をたどった。

新型重戦車の開発

アメリカ陸軍の機甲軍は、少なくとも1944年末まではティーガー級の重戦車への関心がうすく、それを入手する考えもなかった。しかし陸軍省兵器局は重戦車の開発に大いに関心があり、1944年9月、T26に飛躍的に強力な主砲を載せる研究プロジェクトを正式に発足させるに至った。それがすなわちT29とT30である。

この2種類の重戦車は、車体前部の形状とサスペンションの配列こそT26そのままだったが、完全に新設計の大型砲塔をそなえ、それとバランスをとるために車体全長が伸び、またエンジンの出力が向上して、実質上は新設計の戦車に等しかった。問題の主砲はT29には長砲身の105㎜砲T5E1、T30には155㎜砲T7があてがわれた。

これに1945年4月、もうひとつの試作重戦車、120㎜砲装備のT34が加わったが、このころになると、前年12月のアルデンヌの戦いでケーニッヒスティーガーに遭遇して以来、急速に重戦車への関心を深めたアメリカ軍最前線部隊から、同クラスの味方重戦車を求める矢の催促が日ごと聞こえてくるようになった。それを反映して1945年4月12日にT29重戦車1152両の生産許可が下りたが、ほどなくして太平洋戦線でも戦争が終結したためにキャンセルされ、試作車のテストのみが1950年近くまで続いた。その間新型光学照準器など、次期新型戦車を念頭に置いた新技術のテストベッドとしても使われた。

ところが1940年代の終わりになると、冷戦による東西間の緊張が高まって、ふたたび大口径砲をそなえた戦車が注目されはじめた。アメリカはソ連のIS-3スターリン重戦車に最大の関心を寄せ、これを仮想敵と見做して、120㎜砲を装備した新型戦車T43の開発がはじまった。T43は、もちろん技術的にはT29、T30、T34の延長上にある重戦車だったが、設計的にはまったくあたらしく、パーシングよりも、後のパットン・シリーズにより近かった。T43は結局制式採用されてM103となり、量産段階まで進んだ。

M26の改造計画

アメリカ陸軍は第二次大戦中、主力戦車のシャシーを使って自走砲など特殊用途の装軌車両をさかんに開発したが、1945年以降もその伝統は衰えず、M26のシャシーを利用した特殊用途車両が何種類も試作された。最初にT26のサスペンションとエンジンをそのまま使って、エンジン位置のみを前方に移動し、後部の空いたスペースに8インチ砲を据えつけた自走榴弾砲T84が現われ、次いでその派生モデルとして弾薬運搬車T31の試作車も完成したが、いずれも生産には至らなかった。

このあと超大口径の240㎜榴弾砲を搭載した自走砲T92が登場したが、主砲がここまで巨大になるとさすがにM26のシャシーでは持ちこたえられず、全長を延ばしてバランスをと

るしかなかった。これに榴弾砲を8インチ（203mm）にサイズダウンしたT93が続き、5両のT92と2両のT93の試作車を使って1945年夏にテストが行なわれたが、やはりシャシーが主砲に対して小さ過ぎて実用は無理と判断され、ともに採用にならなかった。

T26の配備を受けた戦車大隊専用の支援車両として計画された回収戦車T12も、はかなく消え去った他の開発プロジェクト同様、試作車が完成するまでは順調だった。T12は第二次大戦中に使用されたM3中戦車ベースのM31、あるいはM4中戦車ベースのM32回収戦車に相当し、その後継者になるはずだったが、気の毒にも生産許可が下りず、そのため現実にM26を装備した部隊は、やむを得ず旧式のM32回収戦車をそのまま使い続ける破目になった。

戦時中の計画では、M26は6000両生産することになっていたが、戦争が終わった途端に話がコロリと変わって、1945年10月に2212両を以って打ち切られた。M26とM4では価格がどのくらい違ったかというと、M4が6万9288ドルした時に、T26E3は8万3273ドルだった。M26は当初重戦車に位置づけられていたが、1946年5月にクラス分けが変更されて、中戦車になった。アメリカ陸軍は、将来さらに重量級の戦車が必要になることを、この時点ではっきりと認めたのである。

シャーマンに75mm砲搭載型と76mm砲搭載型があったように、M26にも榴弾砲を搭載した派生型M45があり、大隊司令部直属の中隊が援護射撃に使った。朝鮮戦争では、M45は早くから最前線に展開した。写真は1950年9月18日、洛東江（ナクトンガン）の浅瀬を徒渉するM45。工兵大隊が事前に水深をしらべ、安全なコースに沿って張った糸を頼りに前進している。(US Army)

the M46 patton
M46パットン

戦後にスタートした数多くのM26改造計画が、いずれも実を結ばずに終わった中で、ほとんど唯一成功したのがM26E2である。

1948年1月に発足した改良型中戦車M26E2のプロジェクトは、別途完結したふたつの研究成果を吸収して、一気にはずみがついた。そのふたつ、自走榴弾砲T26E2用に開発された810hp（M26は500hp）のコンチネンタルAV-1790-3型エンジンと、アリソンCD-850-1型クロスドライブ・トランスミッション(訳注11)は、ともに大きさと重量がもとのM26のそれと少しも変わらぬ点が素晴らしかったが、それ以上にこの新型ユニットが、この先M60A3に至るまで延々35年以上にわたって続くことになるパットン・シリーズのパワーソースの原点

訳注11：「クロスドライブ」トランスミッションは、変速機構、最終減速機構、操向ブレーキがひとつのケース内に収納され、すべての回転軸が入力軸と直角の（すなわち「クロス」した）横向きになっているのが特徴で、きわめて珍しい配置といえる。M26E2はこのレイアウトの採用により、自動変速に加えてパワーステアリングの機能をもつに至り、1本の操縦桿を前後に倒して変速、左右に倒して操向する画期的なイージードライブが実現した。

M46

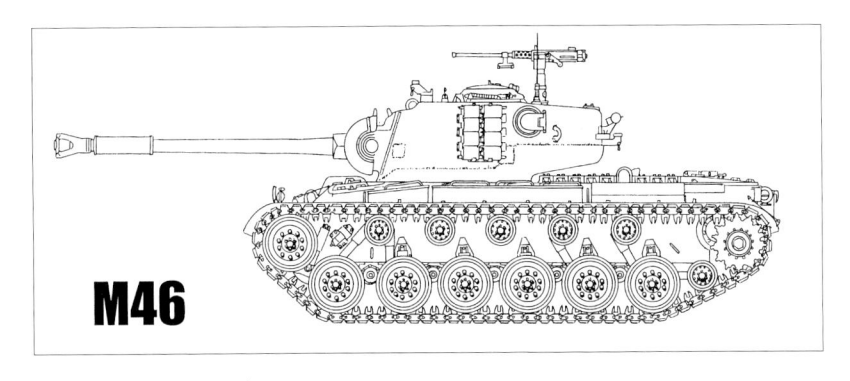

を構成した点で、きわめて重要なものとなった。

M26E2の試作1号車は、1948年5月アバディーン試験場に到着してテストに入り、終了までに試作車にありがちなごく普通の問題点が多数発見されたが、結果は概して良好だった。この時点でM26E2の主砲を長砲身のT54にアップグレードする案が出たが、外敵のない平和な時代にそこまでは必要なしとする慎重派が勝って、従来通りの90mm砲M3の砲身に、新機構のボアー・エバキュエーターと、改良型のマズルブレーキ(訳注12)を追加してM3A1に進化させるだけの案に落ち着き、ついでのことにサスペンションと駆動系統に少し手を加え、できあがった車両にあらたにT40の呼称を与えた。

その後米ソ間の緊張が高まるにつれてT40に注目が集まり、1948年度に試作車10両の購入が認められて、翌49年8月から性能テストがはじまった。ほんとうは陸軍としては、この機会をとらえて新設計の戦車をつくりたかったのだが、それには莫大な時間が必要なため、やむを得ず既存のM26に手を加えるだけのT40で我慢することにした。

こうして次代を担う新型戦車の最有力候補となったT40は、M26E2の改造とは言いながら、随所に施された変更によってすっかり近代化され、陸軍自身もそれを認めてあたらしい型式M46を与えることとし、さらにかの第二次大戦の英雄ジョージ・S・パットン・ジュニア将軍にちなんで「ジェネラル・パットン」の名称を与えた。M46のテストは順調に進んで、1949年度には晴れて予算が認められ、800両のM26がM46仕様に改造されることになった。ただし800両という数はすでに配備されたM26の半数にも満たず、1215両が改造待ちの状態で取り残された。M46への改造が終わった第1号車は、1949年11月にアバディーンに送られた。

1950年に朝鮮戦争が勃発すると、アメリカ陸軍は極度の戦車不足に陥り、そのため319両目のパットン戦車が工場の改造ラインを離れたところでM26からM46への改造をいったん打ち切って、主砲をM3から前述のM3A1に交換するだけの即席改造に切り換えた。それがM26A1である。

工場でM26からM46への改造、つまりM46の生産がまだ続いていた時に、兵器局が進めていた「対戦車砲搭載新型中戦車」開発プロジェクトなるものが終了した。タイトルが少々紛らわしいが、要するにM46より一段と進んだ、内容の濃い改造型をつくろうという計画である。これが後のM47中戦車であり(名称は同じく「パットン」)、より避弾経始にすぐれた砲塔形状と、新方式の射撃制御システムを特徴とし、車体こそほぼM46そのままだったが、駆動系統にも大幅な改良が施されていた。M47は制式採用がきまったあと、極端に精巧かつ複雑な新射撃制御システムが災いして砲塔の生産のスタートが大幅に遅れ、困惑した陸軍は、とりあえずM46に駆動系統の変更のみを適用した戦車を生産することにした。それがM46A1で、M46に対してAV-1790-5B型エンジン、CD-850-4型トランスミッション、新設計の潤滑油冷却システム、単純化した電気配線、新設計のブレーキシステがあたらしく、1951年2月に360両の生産許可が下りた。M46A1は外観がM46とまったく変わらないので、識別するには車両登録番号を見るしかない(30163849番以降がM46A1)。

訳注12:発射時に砲身外周に設けた空洞部に高圧ガスを溜め、砲弾が出たあとそれが砲口に向け流出するように設計して、次弾装塡時の砲塔内へのガスの逆流を減らす装置がボアー・エバキュエーター。フューム・イクストラクターともいう。また砲口を成形して、発射時にできるだけ多くのガスを横ないし斜め後方に放散させて反動を減らす機構がマズルブレーキである。

the pershing in korea

朝鮮戦争とパーシング

　第二次大戦で存分な活躍ができなかったM26と、そのあとを継いだ戦後生まれのM46はともに、1950年から1953年まで続いた朝鮮戦争で、はじめて実力を発揮する場が与えられた。

　1950年6月、北朝鮮（朝鮮民主主義人民共和国）人民軍が突如北緯38度線を越えて韓国に侵入、第105戦車旅団のT-34/85を先頭に、対戦車兵器の装備が貧弱な韓国陸軍歩兵の抵抗を排除しつつ、破竹の勢いで南下を開始した。アメリカは輸送機を使って急遽軍隊を朝鮮半島に送ったが、大部分が軽装備の歩兵で、戦車はほんの一握りだった。日本の占領には戦車が必要なく（たとえ必要だったとしても、当時の貧弱な道路では戦車の能力を活かせなかった）、しかもアメリカ軍が旧太平洋戦域には戦車を配備していなかったので、手近なところで調達できなかったのである。その結果、朝鮮戦争初期のアメリカ軍の反撃は事実上戦車なしで行なわれることになり、それが失敗に終わったあと、ようやく本腰をいれた戦車の緊急輸送がはじまった。

　最初に、故障したまま東京の米軍基地の片隅に放置されていた3両のM26が見つかり、

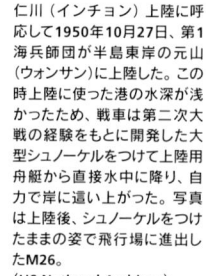

仁川（インチョン）上陸に呼応して1950年10月27日、第1海兵師団が半島東岸の元山（ウォンサン）に上陸した。この時上陸に使った港の水深が浅かったため、戦車は第二次大戦の経験をもとに開発した大型シュノーケルをつけて上陸用舟艇から直接水中に降り、自力で岸に這い上がった。写真は上陸後、シュノーケルをつけたままの姿で飛行場に進出したM26。
（US National Archives）

訳注13：M5スチュアートと交替して1944年末から実戦に参加した米陸軍の軽戦車。短砲身の75mm砲を搭載し、サスペンションはヘルキャットと同じで、戦闘重量は18トンだった。

訳注14：M4A3E8については訳注16を参照。

M26の主砲M3を、M3A1（口径90mmは不変）に交換したM26A1。砲身にボアー・エバキュエーターの膨らみがあり、カンヴァスカバーにかくれてはいるが、砲口に新設計のマズルブレーキがついているのがわかる。この写真は1950年11月10日、朝鮮半島東側の咸興（ハムフン）で撮影したもの。海兵隊には防盾に車両コードを記入する習慣はなく、これはこの部隊だけのもの。
（US National Archives）

緊急修理を施されて韓国に運ばれ、すでに現地にあった数両のM24チャフィー軽戦車(訳注13)に合流して、臨時の戦車小隊が編成された。この小隊は7月28日、全州(チョンジュ)で北朝鮮軍第6歩兵師団と戦ったが、M26は東京の修理が不完全だったのか、敵と向かい合った途端に動かなくなり、その場に放棄された。

1950年に米軍戦車が数多く配備されていたのはヨーロッパだけで、アメリカ本土には緊急事態に即応できる部隊が少ししか揃っていなかったが、それでも緊急命令により、4個戦車大隊が出動態勢を整えた。まず最新のM46パットンを揃えた頼もしい第6戦車大隊があり、次に基地周辺に永久展示されていた複数のM26を台座から引き剥がしてオーバーホールし、手持ちのM4A3E8(訳注14)に追加する荒療治をやってのけた、フォート・ノックス駐屯の第70戦車訓練大隊、3番目に幸運にも保有する戦車がすべてまともなM26だったフォート・ベニング歩兵訓練学校所属の第73戦車大隊、最後に太平洋地域に分散配備したM26を全部引き揚げてようやく1個中隊を編成した第89戦車大隊という顔ぶれである。

陸軍のほかに、海兵隊でも第1海兵旅団から1個中隊が引き抜かれ、もともと装備していた105mm榴弾砲搭載型M4A3を急遽全数M26に取り替えた上で、韓国に向かった。

これら緊急編成の戦車部隊が1950年8月に朝鮮半島に到着した時は、共産軍に押された国連軍が半島南端の釜山(プサン)近くまで後退し、そこで踏みとどまって態勢を立て直しているところだった。

最初に海兵隊のパーシングが北朝鮮軍戦車と接触した。1950年8月17日、洛東江(ナクトンガン)沿いに南下中の北朝鮮第107機甲連隊の戦車が、第1臨時海兵旅団の防御陣地前方に姿を現し、前哨線で位置についていた海兵隊員が先頭のT-34/85をバズーカで攻撃したが、効果がなかった。T-34はそのまま前進を続け、丘を迂回したところで待ち構えていた海兵隊のM26を発見したが、特に警戒する様子がなかった。ここへくるまでに、数多くのM24軽戦車を相手に一方的な勝利をおさめてきたので、壕の中に身をひそめて砲塔だけのぞかせたM26を見ても、ああまた別のカモがいるな、と思っただけで、平気で近寄ってきたのだった。

そこを目掛けてM26が90mm徹甲弾を2発発射すると、命中して内部の弾薬が爆発し、激しく燃え上がった。2両目のT-34/85は、1両目と同じく海兵隊員による無反動砲とバズーカの射撃を持ちこたえたあと、2両のM26から同時に命中弾を受けて大爆発を起こし、砲塔がけし飛んだ。3両目のT-34/85も同じ運命を辿り、それを見た4両目としんがりの5両目は攻撃をあきらめて退却した。このM26の初勝利のおかげで、それまで2カ月にわたって韓国軍とアメリカ軍を恐怖に陥れたT-34/85も、兵士たちに"キャビアの缶詰(訳注15)"と呼ばれて、冗談話のタネにされるところまで落ちぶれてしまった。

第27歩兵連隊を支援中の第73戦車大隊C中隊は、大邱(テグ)近くの多富堂(タブドン)で敵戦車と2日間にわたり激烈な戦闘を交え、13両のT-34/85と5両のSU-76M自走砲を撃破して、その進撃を食い止めた。ここまで怒濤の進撃を続けてきた北朝鮮軍第105戦車旅団だったが、2カ月間の戦闘で車両の傷みがひどく、また日増しに激しくなる国連軍の航空攻撃で戦車の

量産初期のM46は、写真のように後部フェンダー上に排気を導き、そこに置いたマフラーに大きなカバーをかぶせていた。これが後期生産型になると、マフラーから先の排気管がフェンダー側面に沿って下に伸びて、下向きに排気を放出するように変わる。写真は1950年12月7日、南下する中国軍を阻止すべく、第3歩兵師団とともに江原道(カンウォンド)で守備位置につく、第64戦車大隊の初期型M46パットン。(US Army)

訳注15：美味しそうで、すぐフタ(砲塔)を開けて食べたくなる、の意味。

朝鮮戦争にはいくつもの有名な会戦があるが、中国軍の突然の南下で東海岸を後退中の第5、第7海兵師団が敵包囲網を突破した「楚山(チョサン)ダムの戦い」もそのひとつである。写真は1950年12月6日、同突破作戦を支援するため射撃準備中のM26A1パーシングの縦隊。(US National Archives)

敵包囲網を突破して楚山（チョサン）ダムから無事撤退した第1海兵戦車大隊は、その1年後、今度は攻守ところを変えて、半島東部の山岳地帯に逃げ込んだ北朝鮮軍の掃討に従事した。写真は12.7mm重機関銃で狙いをつける同大隊のM26A1とM4A3。
（US National Archives）

損害が増え、8月半ばにはかつての勢いは消え失せて、気息奄々(きそくえんえん)の状態になっていた。そこへ国連軍の増援戦車部隊が現われたから、ひとたまりもなく撃破されてしまったのである。

北朝鮮軍の戦車隊は、戦車の援護なしに単独行動中の歩兵を相手に一方的に押しまくる技術は身につけていたが、実力においてまさる敵戦車を相手に戦う術を知らなかった。彼らはM26パーシングに対して榴弾を多用したが、85mm砲の榴弾はM24軽戦車には有効でも、装甲の厚いM26には歯が立たなかった。その一方で通常の射程距離から発射するM26の90mm徹甲弾は、T-34/85の装甲を容易に貫通した。

彼我の戦車の間に存在したこれだけの実力差のおかげで、釜山を中心に円形を描くアメリカ軍の防衛線（いわゆる釜山円陣）をめぐる戦いで味方戦車が受けた損害は、大部分が地雷か、北朝鮮軍の1942年型45mm対戦車砲によるもので、相手戦車によるものは僅少だった。8月27日夜、北朝鮮軍第105戦車旅団が洛東江沿いの渓谷を縫って大規模な攻撃を仕掛けてきたが、これが彼らの最後の攻撃になった。この時北朝鮮軍の曳光弾がいともきらびやかに谷間を縫い、それがアメリカ軍兵士たちの記憶に残って、この峡谷は以来"ボーリング場"と呼ばれて今日に至っている。

9月になると釜山円陣内の米陸軍と海兵隊の戦車は合わせて400両を超えるに至り、北朝鮮軍の40両のT-34/85に対して数の上で絶対的優位に立つことになった。だが反撃に移る前に、国連軍総司令官ダグラス・マッカーサー元帥は9月15日、第10軍団による水陸両用作戦を展開し、第1海兵師団、海兵第1戦車大隊、陸軍第7歩兵師団、および同師団所属の第73戦車大隊が仁川(インチョン)に上陸した。この作戦の成功により、釜山円陣に迫っていた北朝鮮軍は、一転して背後を脅かされる立場になった。

仁川の近くには、開戦直前に招集された、実戦経験のない北朝鮮軍部隊しかいなかった。海兵隊のM26はもっぱら歩兵の援護射撃に従事したが、その合間にあちこちで敵戦車とも小競り合いを演じた。上陸翌日の9月16日昼過ぎ、総数18両のT-34/85とともにソウル郊外に陣取っていた北朝鮮軍第42機甲連隊から、半数の戦車が本隊を離れ、上陸地点に向かって移動を開始した。しかしたちまち航空機に発見されて3両が破壊され、2両が海兵隊のパーシングの攻撃で撃破された。翌朝残り6両のT-34/85がのろのろと金浦(キムポ)飛行場に接近したが、守備位置についていた第5海兵師団の無反動砲と、海兵第1戦車大隊のパーシングの集中射撃に遭い、ひとたまりもなく壊滅した。海兵隊側の損害は皆無だった。

国連軍が上陸してから4日のうちに24両のT-34/85が撃破され、北朝鮮軍第42機甲連隊が事実上消滅した。この第42機甲連隊と同様に訓練途中で参戦した第43機甲連隊も、

右頁下●1951年3月14日、ソウル奪回を目指す「リッパー」作戦にしたがって、38度線南の洪川（ホンチョン）付近を北上しつつ支援射撃を行なう第1海兵戦車大隊C中隊のM26パーシング。後方に105mm榴弾砲を搭載したM4A3が見える。
（US National Archives）

9月25日にアメリカ海兵隊のパーシングとわたり合ってT-34/85を12両失い、戦力が大幅に低下した。その結果米軍がソウル市内に入ったあとはもう戦車対戦車の戦闘はなくなり、パーシングは市内の目抜き通りに北朝鮮軍が築いたバリケードを破壊するなど、もっぱら直接照準の援護射撃に従事した。

釜山では、円陣に迫っていた北朝鮮軍が、上陸した国連軍により補給が絶たれるのを心配して浮き足立ち、そこを衝いてアメリカ陸軍第8軍が9月17日、反撃に出た。敵の主力の第105機甲旅団が事前に仁川に向け脱出したため、残りの部隊との戦いになったが、最初じりじりと後退していた敵はやがて総崩れとなり、その後1950年10月上旬まで続いた掃討戦で、半島南部の北朝鮮軍戦車は全滅した。

かくて1950年11月以降、国連軍と敵戦車との遭遇は完全に途絶えた。余裕の出来たア

1951年2月、中国軍に押し戻されたあと、漢江(ハンガン)南部でふたたび攻勢に転じたアメリカ軍は、戦車に大きな虎の顔を描いて、迷信深い（理由はわからないが、アメリカ軍兵士たちはそう信じ込んだ！）中国兵に心理的圧力をかけようとした。写真は1951年3月7日、ソウル奪回直前にヤンプンで第24歩兵師団を支援する、アメリカ陸軍第6戦車大隊のM46の一群。同大隊の虎の絵は、派手さにかけては随一だった。(US Army)

アメリカ陸軍は、M4A3E8 (訳注16) とM26で戦闘能力にどのくらい差があるのか、データ分析を行って、M26が対戦車攻撃力で3.5倍、総合では3.05倍M4A3E8にまさるという結論に達した。

統計的分析

統計数字が出たついでにもう少し突っ込んだ分析を紹介すると、1950年に朝鮮半島に送られたアメリカ軍戦車全体の中で、M26とM46は合計で半数に満たなかった。現地部隊が受領した戦車1326両の内訳は、M26パーシングが309両、M46パットンが200両、M4A3E8シャーマンが679両、M24チャフィー軽戦車が138両だった。陸軍は第70、第72、第89戦車大隊にM4A3E8とM26を、第73重戦車大隊にM26を、第6、第64戦車大隊にM46をそれぞれ配備し、海兵隊は第1海兵戦車大隊と、あと3個の小隊にM26を配備した。

戦後行なわれた調査によれば、朝鮮戦争で発生した戦車同士の対決は119件にのぼり、そのうちアメリカ陸軍が関与したのが104件、海兵隊(第1戦車大隊のみ)が関与したのが15件だったという。これらの対決の半分近くがM26またはM46によって行なわれ、その内訳はM26絡みが38件(32%)、M46絡みが12件(10%)だった。また全119件のうち、3両以上の北朝鮮軍戦車が関与した戦闘は24件しかなく、あとは小隊かそれ以下の単位同士の対決だった。戦車対戦車の戦闘にM46が関与した数字が低いのは、M46が9月(1950年)上旬まで実戦の機会に恵まれなかったからに過ぎない。

敵味方の損害は、まずアメリカ軍は6両のM26と8両の

1951年4月2日、38度線近くに達したアメリカ陸軍第6戦車大隊の、虎のマーキングつきのM46パットンが、水田に落ちた仲間のM46をワイヤーロープで牽引しているところ。虎の塗装は、何回塗り直してもすぐ汚れるため、春までに全部が消されてしまった。(US Army)

訳注16：76mm砲装備のM4シャーマンの最終モデルで通称「イージーエイト」。ショックアブソーバー(初採用)つき水平渦巻ばねサスペンションと幅広履帯の採用で、機動性が格段に向上した。

第1海兵戦車大隊は1951年春、それまでに失った戦車の補充用として、まとまった数のM46パットンを受領した。写真は1952年4月25日、板門店（パンムンジョム）の近くでそのパットンに砲弾を積み込むC中隊の乗組員たち。90mm砲の弾薬は、黒色の保護チューブをかぶせ、2本ずつ木の弾薬箱に詰めて輸送する。
(US National Archives)

M46を含む総計34両の戦車を失い、うち15両が修復不可能だった。これに対して北朝鮮軍戦車は97両が撃破され、またそれとは別に18両の不確実撃破が報告されている。撃破された北朝鮮軍戦車の相手はM26が39％、M46が12％だった。実際に起きた戦闘のほぼ半数が、350ヤード(320m)以下の距離で行なわれ、その距離範囲でのM26の命中率は平均が85％で、内訳としては高初速徹甲弾使用時が平均よりやや高く、通常の徹甲弾使用時がやや低かった。M26の射撃距離は350〜750ヤード(320〜690m)が20％、750〜1150ヤード(690〜1050m)が20％を占め、その場合の命中率はそれぞれ68％と46％だった。これらの数字は、M46とM4A3E8であまり違いがないが、それはたぶんアメリカ軍の戦車がどれも類似の照準器をそなえていたからであろう。射撃距離の記録の中には10ヤード(9m)という極端なケースがあり、また命中した射撃の中では、M26が残した3000ヤード(2740m)の記録が最高である。

38度線の戦い

さて北に向かって猛然と進撃した国連軍ではあったが、11月にまたもや突然現われた中国軍に押し返されて、ふたたび38度戦に向かって慌ただしい後退を強いられた。その時のM26とM46の活躍は目覚しく、わけても楚山（チョサン）ダムから撤退する海兵隊の援護にあたった第1海兵戦車大隊のM26の戦いぶりは、後々まで語り草になった。

1950年末に、ソウルがふたたび共産軍の手に落ちた。国連軍はいったん漢江（ハンガン）まで退いたが、翌年1月半ば、第8軍は50両のM26とM26A1および97両のM46を含む総数670両の戦車を総動員して反撃に転じ、4月中に中国軍を38度線まで押し返した。これで戦局は振り出しに戻り、両軍が向かい合ったまま小競り合いを続けて相手に出血を強いる、凄惨な持久戦に転じた。

朝鮮戦争でアメリカ陸軍は、攻勢にあっても守勢にあっても一貫して戦車部隊の力を高

左頁下●停止中の第1戦車大隊のM26A1を歩いて通り過ぎる海兵隊員。先頭の兵士が81mm迫撃砲の二脚（バイポッド）を抱え、2番めが砲身を担ぎ、3番めがベースを首から下げている。(US National Archives)

く評価し、常に積極的に戦闘に投入してきたが、いったん戦線が38度線で停滞したあとは、38度線周辺の山岳地帯では戦車の活動は不可能と判断して、あらたな戦車大隊の朝鮮半島への展開を中止した。その影響で最新型の戦車、M47中戦車とM41軽戦車(訳注17)は、惜しくも朝鮮戦争に参加する機会を絶たれてしまった。朝鮮戦争における戦車の機動戦は、完全に終わりを告げたのである。

　38度線で両軍が対峙した朝鮮戦争の最終段階は、「前進基地の叩き合い」に終始した。敵味方がともに固定陣地にひそみ、たがいに境界線に沿った相手の防衛拠点を見つけ出しては攻撃するのである。この果てしないせめぎ合いに、皮肉なことに戦車が大いに貢献した。戦車の役目は直接照準による射撃と、砲兵なみに遠くから榴弾を撃ち込む方法の組み合わせにすぎなかったが、谷を挟んだ遙か彼方の山腹に敵が建造中の掩蔽壕を直撃弾で破壊するような仕事は、戦車でなければできないことだった。そのため必要に応じて戦車がすばやくかつ安全に移動して最適射撃位置につけるよう、移動用の道路と、戦車の車体が隠れる大型の壕が多数用意された。このにらみ合いは、戦争の終わる1953年まで続いたが、今にして思えば朝鮮戦争で戦車が活躍したのは最初の年、つまり1950年だけで、1951年以降1953年までの戦争の主役は、歩兵と砲兵に移ってしまったのだった。

　朝鮮戦争に登場した特殊兵器のひとつに、夜間の正

訳注17：M24チャフィーに代わる軽戦車として1951年に就役。通称「ウォーカー・ブルドッグ」。76mm砲をそなえ、M47なみの近代的な駆動、操向システムをもつ。

確な援護射撃を可能にするサーチライトがあった。1952年に、主砲の上にこの直径18インチ(45cm)の巨大なライトを取りつけたM46が、少数ながら最前線に展開した。そのほか暗号名「リーフレットⅡ」のもとに赤外線サーチライトの研究も進められたが、実戦には使われなかった。

朝鮮戦争後

1951年にはいって北朝鮮軍のT‐34/85の脅威が消滅し、アメリカ軍戦車部隊が冷静さを取り戻すにつれ、彼らの自軍の戦車に対する信頼感にも微妙な変化が起きた。緒戦の段階で、味方戦車の装甲と火力の貧弱さに泣いた時は文句なしに歓迎されたM26は、その後の故障の多発で、だんだん煙たがられる存在に変わっていった。故障はいつもエンジンで、それだけに深刻だった。M4A3E8シャーマンのエンジンをそのまま使ったのがいけなかったのだが、とにかく故障されては困るので、敵戦車が完全に姿を消した北部山岳地帯の戦闘では、アメリカ軍部隊はM26を避けて、もっぱらM4A3E8を使うようになった。

M46は、新エンジンとクロスドライブ・トランスミッションにより、M26の欠点を克服した新型戦車と見なされて、現地の実戦部隊で歓迎されたが、実際に期待されたほどの実力はなかったらしい。戦後行なわれたある調査報告書は、「朝鮮戦争で、M26もしくはM46の装甲と主砲、それからM4A3E8の信頼性、このふたつを兼ね備えた戦車があったら、どんなによかったことか……」と述べているが、それがほんとうだとすれば、M46は結構故障が多かったことになる。

朝鮮戦争がはじまる前、すでに"準制式"戦車に格下げされていたM26は、朝鮮戦争が終わっていくばくも経たぬうちに全車が退役した。M46とM46A1も、1957年2月には"時代に遅れた"と判定されて、同じパットン一族の後輩M47、M48に道を譲って静かに消え去った。

諸外国におけるM26とM46
the M26 and M46 in foreign service

およそ実戦に参加した経歴をもちながら、M26、M46ほど輸出の数が少ない米軍戦車も珍しい。なにしろ第二次大戦中に輸出されたのが、イギリス向けのM26E3ただ1両だったというし、戦後アメリカが共産圏諸国と張り合って軍備拡張のため欧州同盟国に与えた戦車も、ほとんどがM4シャーマンで、M26/M46は少なかった。そして戦後5年にして朝鮮戦争が勃発すると、途端にM26、M46は貴重品扱いになり、NATO（北大西洋条約機構）諸国へ供与するどころの話ではなくなった。だが朝鮮戦争が終わると、途端にM26、M46とも、ただの中古車に転落して、戦争のおかげで活気を取り戻したアメリカ戦車工場が生み出す戦車は新型のM47に切り換わり、輸出にも同じくM47が顔を揃えるようになった。

それでもこうした目まぐるしい変化の合間に、少数のM26とM46がヨーロッパ同盟国陸軍の手に渡った。ただしそれは、近い将来彼らの主力戦車になる予定のパットン・シリーズの露払い、つまり慣熟訓練用だった。フランスは最初M26パーシングから出発して徐々にM47パットンに切り換え、1960年代後半に国産のAMX‐30戦車を導入するまで使い続けた。イタリアも、戦後最初に編成したアリエテ機甲旅団（後に師団に昇格）にM26を配備した。ベルギーは、1951年に入手した一群のM26を正規の戦車大隊と予備機甲軍の両方に配備し、翌1952年に受領した8両のM46A1を、レオポルズブルグ戦車訓練所におけるシャーマンからM47への転換訓練の教材にあてた。ほかにオランダとデンマークがパーシ

朝鮮戦争で戦った中国軍は、歩兵が携帯する対戦車兵器の装備を持たず、代わりに捕獲した米軍のバズーカ砲をよく使った。1951年後半から1953年まで続いた38度線近傍の陣地戦では、バズーカを持った中国兵がこちらの陣地に頻繁に潜入してきては、壕に隠れている米軍戦車を狙い撃ちし、国連軍の悩みの種となった。写真は1953年3月25日、境界線に張る金網を利用して、ドーザーのついたM46の砲塔のまわりに、バズーカ除けのスクリーンを張る海兵隊の戦車隊員。
（US National Archives）

左頁上●朝鮮戦争では、初年度（1950年）こそ戦車同士の戦闘が頻繁に繰り広げられたが、翌年以降それはなくなって、戦車はもっぱら直接照準援護射撃に従事した。これは1952年12月15日、第1海兵戦車大隊のM46が、付近で戦闘中の英連邦軍を支援するため、射撃位置について指令を待っているところ。戦車の後方に、信管装着ずみの榴弾が大量に積み上げられている。
（US National Archives）

左頁下●中国軍は、人員の損失を減らすために歩兵の夜間集団攻撃を行なうことが多かった。そのため米軍は対抗手段として1952年夏、ジェネラル・エレクトリック社製の18インチ（460mm）大型サーチライトを導入した。写真はそのライトを装着した第1海兵戦車大隊C中隊のM46パットン。1952年8月27日撮影。
（US National Archives）

1953年に、38度線で敵とにらみ合いを続けていた海兵隊が、M46パットン戦車の砲塔の左側、装填手用ハッチの横に、突然大きなバスケットを取りつけた。この時期の戦車は支援射撃のための固定砲台と化し、毎日山のように弾薬を消費するので、射撃終了後に付近の空薬莢を拾い集めるのがたいへんだった。そこで、みっともなくてもかまわないから、なんとかしてその手間を省く方法はないものかと思案の末に、このバスケットが生まれたというわけだった。
(US National Archives)

ングの供与を希望していたが、いずれも朝鮮戦争の余波で計画がキャンセルされてイギリスのセンチュリオン戦車に切り換え、その購買代金をアメリカが負担した。

　朝鮮戦争ではかなりの数のM26とM46が中国軍により捕獲され、そのうちの何両かがソ連に送られた。現在そのうちの2両が、北京軍事博物館とクビンカ戦車博物館に1両ずつ展示されている。この中国がソ連に貢いだ戦車の贈り物に関しては後日談があり、それはソ連がこの土産物を手に入れた直後から、ソ連製戦車にボアー・エバキュエーターがつくようになった、というのである。つまりソ連はM26A1とM46に搭載されていた90mm砲M3A1を入手するや、例によって猛烈なスピードと正確さでそれをコピーして、複製をつくったに違いなかった。ついでにもうひとつ珍しい話を披露すると、レーマーゲンで第9機甲師団が使用したT26E3のうちの1両が、何十年も経った後に空軍の射撃訓練場で発見され、復元作業が行なわれて、現在ニューハンプシャー州ウルフェスボロのライト博物館で静かに余生を送っている。

カラー・イラスト解説 The Plates

（カラー・イラストは25-32頁に掲載）

図版A：T26E3パーシング
米陸軍第9機甲師団第19戦車大隊B中隊
レーマーゲン ドイツ　1945年3月

　ゼブラ調査団がヨーロッパに送ったパーシングは、砲塔左側面と前後デッキの白い星のマーク、サイドスカート側面のステンシル文字、それと正副両操縦手席中間のベンチレーター前面に記入した黄色の車体登録番号だけという、いともさっぱりした姿で戦場に直行した。サイドスカートの白いステンシル文字は、うしろの半分「HAIL-AA-ORDII-SO-5H300L051」が船積み番号で、中央と前半分がこの車両の立体寸法、重量、不凍液類の有無など、船積みのための参考情報である。あとは車体上面四隅のリフティング・フック横に書いた、ここをクレーンで吊り上げよ、という意味の「LIFT HERE」の文字しかない。不思議なことに、おなじみの部隊バンパーコードは、どこをさがしても見当たらない。

図版B：T26E4スーパー・パーシング
米陸軍第3機甲師団第33機甲連隊　ドイツ　1945年3月

　この、戦争中ドイツに到着したただ1両のスーパー・パーシングを受領した第3機甲師団は、ただちに車体と砲塔の前面に追加装甲板を溶接し、また砲塔の前方コーナーには積層装甲板を使った特製の「ミッキーマウスの耳」を取り付け、さらにオリジナルのオリーヴドラブ塗装の上に黒の縞を追加して迷彩とした。マーキングは、砲塔の追加装甲に白ペンキで書いた車体コード「A2」と、車体前面の追加装甲板先端の、真ん中に車体登録番号を挟んだ部隊表示バンパーコード「3∧33∧30103292 Ⅱ」だけである。

M26は、少数がNATO加盟数カ国の陸軍に供与された。これは1953年4月9日、ライン川沿いのフランス占領区にあるラシュタット近郊をパトロールするフランス陸軍のM26パーシング。(US Army)

図版C1：M26パーシング 米海兵隊第1戦車大隊B中隊
仁川(インチョン) 朝鮮半島 1950年9月

朝鮮戦争に参加した海兵隊のパーシングは、陸軍と同じオリーヴドラブ塗装のまま現地に送られた。この車両は砲塔側面に中隊、小隊とこの車体を意味するコード番号を、またフェンダー上の工具箱の側面に大隊マークと車両認識番号を、いずれも黄色で記入している。挿入図に示した大隊マークTK<2>で、TKが大隊のシンボルマーク、2はこの車両が何番目に部隊配備されたかの順番を示し、最後の118039は、車両認識番号の上2桁が何かのはずみで消されて、下6桁が残ったものである(本来は8桁)。サイドスカート前方のチョークの文字は、船積みの時のメモの名残であろう。朝鮮戦争の海兵隊の戦車はホワイトスターなしが普通だったが、仁川上陸作戦の参加車両に限り、全数がこのマークをつけた。

図版C2：M26パーシング
イタリア陸軍アリエテ機甲師団
NATO「サルダチューラ・ヴェネタ」演習 フルイーリ イタリア

このオリーヴドラブ塗装を施されたイタリア軍のパーシングは、マーキングとしては演習に参加していることを示す白の大きな「X」と、この図では見えないが、前後の車両認識番号だけである。認識番号は白い四角の中に、三色旗と並んで黒い数字で書かれていた。イタリア軍のパーシングは、すべてこのスタイルで前後にシリアルナンバーが記入されただけで、ほかにマーキングはなかった。

図版D：アメリカ陸軍 M26パーシング 1945年

このパーシングは、フェンダーの前後を、垂れ下がり防止用のターンバックルで吊っているが、これは「ゼブラ調査団」の調査報告にもとづく設計変更項目のひとつに該当する。この車両は当時の米軍の規則通り、外面をつや消しオリーヴドラブで、また内面を白色塗装で仕上げている。室内の装置に一部白色でないものもあったが、官給部品を使って組み立てた装置類ではよく起きることで、そう珍しいことではない。

図版E：M46パットン
米陸軍第6戦車大隊C中隊 漢江(ハンガン) 朝鮮半島 1951年2月

1950年の暮に、米軍部隊の間で戦車にやたらと目立つ虎の顔を描くのが流行った。誰が言い出したのかはわからないが、中国兵はとても迷信深くて、虎の顔を見ると怖じ気づく、という"迷信"が、アメリカ兵の間に広まった結果だった。とにかく歴史上これだけ派手なマーキングは例がなく、中でもこの第6戦車大隊の虎の絵は別格だった。

図版F1：M46パットン 米陸軍第73戦車大隊A中隊
漢江(ハンガン) 朝鮮半島 1951年2月

1951年の2月から3月まで続いた漢江の戦闘に参加した第73戦車大隊も、一部のM46に虎の絵を描いた。虎は、フェンダーに描いた足先(ただの足ではない。爪をむき出して飛び掛かろうとしているのだ!)を含め、戦車ごとに絵が少しずつ違っていた。主砲防盾の下側に車名「TAIL SPIN」が、また泥をかぶる車体先端を避け、やや後方の操縦席直前に部隊バンパーコード「73∧ A-35」が、それぞれ記入されている。この図ではちらっとしか見えないが、砲塔の両サイドに50cm大の白い星が描いてあり、おそらく後部エンジンデッキ上にも大きなスター・マークがあったと思われる。

図版F2：M46パットン
米陸軍第64戦車大隊 漢江(ハンガン) 朝鮮半島 1951年2月

M4A3E8、M26、M46の混成部隊だった第64戦車大隊は、漢江の戦いで第3歩兵師団を援護した。同大隊がこの戦車の車体前方傾斜面に描いた虎の顔は、その第3歩兵師団の、四角の中に青と白の斜め縞をいれたショルダーパッチの図案を下地にして、その上に描いてあった。虎の顔は戦車ごとに異なり、さまざまだったが、図の戦車の場合はやや迫力に欠け、虎というより猫に近い感じだ。

図版G：M46パットン
米海兵隊第1戦車大隊C中隊 漢江(ハンガン) 朝鮮半島 1952年

海兵隊第1戦車大隊の戦車のマーキングは、朝鮮戦争中ほとんど変化がなく、ほぼ標準の状態を保っていた。図の車両は、砲塔に「C」ではじまる中隊コードを白で記入しているが、同じ大隊なのに黄色で記入した戦車もあった。図は1952年時点の状態を示し、両側操縦席にはさまれたベンチレーターにUSMCの文字があり、その下に地球に錨をあしらった海兵隊のシンボルマークが見える。このころの海兵隊の戦車には、陸軍では正規とされた白い星のマークがないのが普通だった。主砲の砲身に、夜間戦闘用の新兵器、ジェネラルエレクトリック製の大型サーチライトが固定されている。

◎訳者紹介

武田秀夫（たけだひでお）
1931年生まれ。東京大学工学部機械工学科卒業。日野自動車を経て本田技術研究所に入社、乗用車の設計開発に従事し、1991年退職。戦争直後にまだ中学生だった時「日本語版ポピュラーサイエンス」で読んだ"90mm砲の新型戦車"の紹介記事が、パーシングとの最初の出会いだった。訳書に『ハイスピードドライビング』『F1の世界』『ポルシェ911ストーリー』（いずれも二玄社刊）、『第8航空軍のP-47サンダーボルトエース』『アムトラック米軍水陸両用強襲車両』（大日本絵画刊）などがある。現在東京都内に在住。

オスプレイ・ミリタリー・シリーズ
世界の戦車イラストレイテッド **19**

M26/M46パーシング戦車 1943-1953

発行日	2003年2月8日　初版第1刷
著者	スティーヴン・ザロガ
訳者	武田秀夫
発行者	小川光二
発行所	株式会社大日本絵画 〒101-0054 東京都千代田区神田錦町1丁目7番地 電話: 03-3294-7861　http://www.kaiga.co.jp
編集	株式会社アートボックス
装幀・デザイン	関口八重子
印刷/製本	大日本印刷株式会社

©2000 Osprey Publishing Limited
Printed in Japan
ISBN4-499-22802-6　C0076

M26/M46 PERSHING TANK 1943-53
Steven J Zaloga
First published in Great Britain in 2000,
by Osprey Publishing Ltd, Elms Court,
Chapel Way, Botley,
Oxford, OX2 9LP. All rights reserved.
Japanese language translation
©2003 Dainippon Kaiga Co.,Ltd.